Construction Technology for Offshore Wind Turbine Core
Pillar Embedded in Rock-Type Guide Frame Foundation

海上风机芯柱嵌岩式导管架基础施工技术

保利长大工程有限公司　编著

人民交通出版社股份有限公司

北京

内 容 提 要

全书共分为10章，包括绪论、嵌岩稳桩平台设计及制造、嵌岩稳桩平台施工技术、嵌岩稳桩平台施工过程仿真分析、船舶作业安全性能评估、大直径超长钢管桩沉桩施工技术、嵌岩施工技术、大直径钢管桩水下切割施工技术、导管架基础制造技术、导管架安装施工技术等。全书详尽地从研究及应用的角度介绍了海上芯柱嵌岩式风机导管架基础的加工制造、现场施工等各分项所涉及的施工技术，各章内容既相互衔接，又相对独立。

本书可作为海上风电领域研究、应用和教学的参考用书，也可供对行业发展或施工技术感兴趣的人士阅读学习。

图书在版编目(CIP)数据

海上风机芯柱嵌岩式导管架基础施工技术/保利长大工程有限公司编著. —北京：人民交通出版社股份有限公司,2023.8

ISBN 978-7-114-18968-5

Ⅰ.①海… Ⅱ.①保… Ⅲ.①海上平台—基础(工程)—工程施工 Ⅳ.①TE951

中国国家版本馆 CIP 数据核字(2023)第 162425 号

Haishang Fengji Xinzhu Qianyanshi Daoguanjia Jichu Shigong Jishu

书　　名：	海上风机芯柱嵌岩式导管架基础施工技术
著 作 者：	保利长大工程有限公司
责任编辑：	郭晓旭
责任校对：	刘　芹
责任印制：	刘高彤
出版发行：	人民交通出版社股份有限公司
地　　址：	(100011)北京市朝阳区安定门外外馆斜街3号
网　　址：	http://www.ccpcl.com.cn
销售电话：	(010)85285857
总 经 销：	人民交通出版社股份有限公司发行部
经　　销：	各地新华书店
印　　刷：	北京科印技术咨询服务有限公司数码印刷分部
开　　本：	787×1092　1/16
印　　张：	15.875
字　　数：	352 千
版　　次：	2023 年 8 月　第 1 版
印　　次：	2025 年 3 月　第 2 次印刷
书　　号：	ISBN 978-7-114-18968-5
定　　价：	79.00 元

(有印刷、装订质量问题的图书,由本公司负责调换)

《海上风机芯柱嵌岩式导管架基础施工技术》编写委员会

主　　　编：李　斌

副　主　编：张智博　章　啸　徐　奇　石　瑜　杨　轩
　　　　　　何韶东

主要编写人员：白俊宝　马玉典　杨肖肖　黄子其　蔡鑫坚
　　　　　　　胡　辉　张洪树　张晏搏　王玮珲　蒋雨倩
　　　　　　　曾昭武　陈谦和　杨清文　湛颖鸿　叶宝华

前 言
FOREWORD

在全球应对日益严峻的气候变化形势下,世界范围内正在经历新型能源体系变革浪潮,强化节能和能源结构的低碳化是大国能源战略的共同选择。

我国作为能源生产与消耗大国,在一次能源消费中,化石能源尤其是煤炭长期占据主导地位。"双碳"目标下,加强风电、太阳能发电建设,是调整优化能源结构的关键。截至2022年底,我国清洁能源消费比重已由2012年的14.5%升至36.2%,其中水电、风电、光伏发电装机容量均超3亿kW,位居世界第一。

海上风电作为可再生能源的重要组成部分,具有风速较大、静风期时间短、不受土地资源制约、弃风率低等优势。同时,我国绵长的海岸线和丰富的海上风能资源为发展海上风电产业提供了得天独厚的自然优势。因此,大力发展海上风电不仅有助于我国能源结构向低碳转型,还将加强和保障能源供应安全。

三峡新能源广东省阳江市阳西沙扒二期400MW海上风电场项目作为国家海上风电集中连片规模化开发的先行示范项目和国内首个建成投产的百万千瓦级海上风电项目,建设期创下了全球首台、全国之最等多项纪录。项目的建成投运为粤港澳大湾区能源低碳转型和海洋经济高效发展源源不断地注入绿色动力,对于我国开展规模化海上风电场建设、推动海上风电技术创新提升也具有重要意义。

保利长大工程有限公司承建的芯柱嵌岩式风机导管架基础为国内首创,主要包括芯柱嵌岩桩基础和导管架基础两部分。在项目建设过程中,取得了多项技术创新成果,其中具代表性的内容包括:①分离式稳桩平台及其施工方法;②海上风电钢管桩深水切割施工技术;③海上风电导管架安装施工技术。

本书在编写内容上,以现行国家标准、行业标准和行业发展成果为依据,按照"理论少而精,充分联系实际"的原则,从研究及应用的角度向读者介绍海上芯柱嵌岩式风机导管架基础的加工制造、现场施工等各部分所涉及的施工技术,各章内容既相互衔接,又相对独立。

本书编写内容以实际项目为载体,编写素材均由参与项目建设的一线工程技术人员提供。本书由保利长大工程有限公司李斌任主编,由张智博、章啸、徐奇、石瑜、杨轩、何韶东任副主编。编写具体分工如下:第1章由蒋雨倩编写;第2、3、4章由白俊宝编写;第5章由湛颖鸿编写;第6章由杨清文编写;第7、8章由陈谦和编写;第9、10章由王玮珲编写;李斌、张智博、章啸、徐奇、石瑜、杨轩、何韶东负责全书的统稿及审核工作。马玉典、杨肖肖、黄子其、蔡鑫坚、胡辉、张洪树、张晏搏、曾昭武、叶宝华也参与了本书的编写、整理工作。

本书在编写过程中得到了保利长大工程有限公司港航分公司相关领导及一线工程技术人员的大力支持,在此一并表示感谢。由于编者水平有限,书中难免有不当和疏漏之处,敬请读者批评指正。

编　者

2022 年 12 月

目 录

CONTENTS

1.1 工 程 概 况

1.1.1 项目背景

我国海上风能资源丰富,国家在"十二五"期间对海上风电发展做了详细的规划与部署,在经历"十二五"3个特许权项目和4个国家级示范项目的建设之后,海上风电发展迅速。党的十八届五中全会提出"创新、协调、绿色、开放、共享"的新发展理念,为海上风电描绘了广阔的发展前景。随着风电技术日渐成熟、单机容量不断增大、发电成本快速降低,海上风电已成为潜力最大的可再生能源之一。

自2007年第一台海上风电机组建成以来,中国海上风电技术发展得到了较大提高。2010年,中国海上风电占风电总装机比例仅为0.3%(图1-1);2015—2021年,海上风电保持年均近60%的增长率,2018年新增装机容量达 1.73×10^3 MW(图1-2);2020年,中国海上风电发展取得突破性进展,新增并网容量达 3×10^3 MW,累计装机容量首次突破1万MW大关,达到 1.09×10^4 MW,同比增长54.7%,相较于2016年增长了570%;2021年,中国海上风电发展达到高潮,新增并网容量 1.69×10^4 MW,累计装机容量达 2.78×10^4 MW,在风电总装机容量中占比达到35.5%,一跃成为海上风电装机量世界第一的国家。

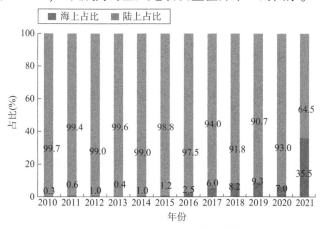

图1-1 2010—2021年中国海上风电新增和累计装机容量占比

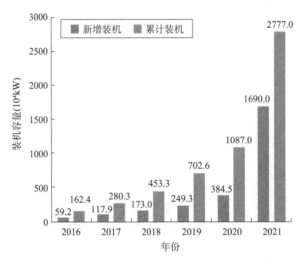

图 1-2　2016—2021 年中国海上风电新增和累计装机容量

我国海上风电大规模的开发推动了产业链快速迭代升级,无论是装备、技术还是管理水平都有显著进步,出现了 15MW⁺ 的风电机组、最高电压等级的柔性直流以及拥有 DP2 动力系统的 2500t 以上国际一流的施工安装装备。风电场的单体规模也已经从近海的 20 万 ~ 30 万 kW 逐步发展到百万千瓦量级,说明我国的海上风电取得了巨大的成就,并拥有广阔的发展空间,正在推动着海上风电领域的进步。

1.1.2　项目建设意义及必要性

1)适应国家新能源政策和发展趋势

《广东省海上风电发展规划(2017—2030 年)(修编)》指出,阳江市海上风电场规划总装机容量为 10000MW,其中近海浅水区规划 3000MW,近海深水区规划 7000MW。三峡新能源广东省阳江市阳西沙扒二期 400MW 海上风电工程位于近海浅水区,是阳江以及广东重要的海上风电场项目,其建设能够适应国家新能源发展的政策需求,有效促进节能减排。

2)推动可再生资源开发利用,有利于经济与环境的协调发展

广东省大陆海岸线总长达 4000km 以上,海域面积广阔,风力资源丰富,风能资源不仅是广东省能源供应的有效补充,为地区经济发展提供持续助力,而且作为绿色电能,风电的发展将有效减少二氧化硫(SO_2)、二氧化碳(CO_2)和氮氧化物(NO_x)等多种大气污染物的排放。

项目的建设有助于开发广东海上风能资源,提高地区能源供应能力,缓解电力工业的环保压力,助力地区经济的低碳持续发展,社会效益显著。

3)开发海洋经济增长点,促进地区经济社会发展

工程的建设充分利用了阳江沿海资源,对于地区相关产业如建材、交通、设备制造业的发展起到带动作用,对扩大就业和发展第三产业将起到促进作用,有利于地区经济社会的全面发展。随着海上风电场的相继开发,海上风电将为沿海地区开辟新的海洋经济增长点,对拉动地方经济的发展起到积极作用。

综上所述,项目的建设符合国家可持续、绿色、低碳的能源发展政策,适应广东海上风电发展规划,有利于推动可再生能源的开发利用和节能减排,有利于带动风电产业链和第三产业的发展,增加就业机会,促进地方经济的持续发展。

1.1.3 工程概况及主要施工内容

三峡新能源广东省阳江市阳西沙扒二期400MW海上风电场工程(简称三峡新能源海上风电场工程,见图1-3)规划装机容量为400MW,配套建设陆上集控中心及租用运维码头,同时配套建设220kV海上升压站一座。风电场场址位于阳江市阳西县沙扒镇附近海域,场址面积约64km²,场址水深24～28m。

图1-3 三峡新能源海上风电场工程整体规划效果图

保利长大工程有限公司负责芯柱嵌岩式导管架基础施工,涉及的主要工作包括基础的制作与施工、附属构件的制作与安装、基础防护以及与风机安装施工的配合等内容。

1.1.4 芯柱嵌岩式风机导管架基础形式

芯柱嵌岩式风机导管架基础由芯柱嵌岩桩基础和导管架基础两部分组成,每台基础设置3根芯柱嵌岩灌注桩,灌注桩上部安装导管架基础(单个质量约950t,见图1-4),导管架基础与桩基础通过高强灌浆料固结,钢管桩沉桩施工、嵌岩施工、导管架基础制造及导管架安装详见第6、7、9、10章。

1)桩基础

桩基础为钢管混凝土芯柱嵌岩桩,由外向内依次由钢管桩、微膨胀混凝土及钢筋笼组成。

(1)钢管桩

钢管桩桩径 φ2.4m,壁厚40～55mm,平均桩长64m,平均桩重177t,设计桩顶高程为 -22.00m/

图1-4 芯柱嵌岩式风机导管架基础示意图

−23.60m，桩底入全风化或强风化花岗片麻岩层，如图1-5a)所示。

（2）混凝土芯柱

混凝土芯柱从上至下分为两段，上段为钢管桩内部，下段为嵌岩段。其中嵌岩段桩径为2.0m，长度根据地质情况不同而不同，但均保证连续嵌入中风化花岗片麻岩深度不小于6m。混凝土芯柱典型立面图如图1-5b)所示。

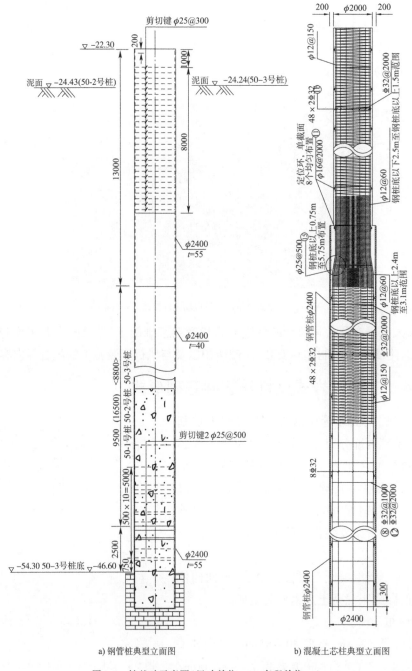

a) 钢管桩典型立面图　　　　b) 混凝土芯柱典型立面图

图1-5　桩基础示意图(尺寸单位:mm;高程单位:m)

2)导管架基础

本项目导管架基础由3根立柱(圆钢管)和若干横向、斜向连接钢管焊接成的空间框架结构,其中横向和斜向的钢管分别叫作横撑和斜撑,也叫作横拉筋或斜拉筋,竖向大直径圆管叫作导管或导管腿。

1.2 设计技术标准

(1)风机基础等级:1级。

(2)结构安全等级:一级。

(3)风机基础设计使用年限:25年。

(4)风机基础中心允许偏差:1.5m。

(5)风机基础方位允许偏差:±3.0°。

(6)导管架水平度允许偏差:3‰。

(7)平面坐标采用CGCS2000坐标系,高程控制系统采用1985国家高程基准。

1.3 风场施工环境条件

1.3.1 地形、地貌及地质

风电场场区位于阳西县沙扒镇以南海域,施工海域宽阔,场区内未见岛屿分布,水深范围为24~28m,地形整体上呈西北高东南低的形态。风电场覆盖层按其成因类型共分为4大类15层,主要包括全新统海相沉积层、全新统海陆过渡相沉积层、晚更新统海陆交互相沉积层和第四系残积黏性土层,下伏基岩为花岗岩,场区覆盖层厚度从北向南逐渐增大。

1.3.2 气象特征

项目场址所在地阳光充足,雨量充沛,为亚热带季风气候。季风活动明显,冬季受大陆冷高压控制,盛行东北风,夏季处于西南低压槽前,受副热带高压影响,多吹东南风。

1)天气

从施工统计资料汇总分析得知,施工海域天气4—9月以晴天为主,只有极少数时间受台风等恶劣天气影响,适合集中作业。10月受台风和季风天气集中影响,不宜施工。

2)风况

4—9月施工现场以东南风为主,风速以4~5级为主,涌浪较小,连续施工窗口期较长。台风过后受东南季风影响可较快形成窗口期。10月受台风和季风气候共同影响,现场以东北风为主,风力较大(主要在7级以上)且持续时间长,台风之后受东北季风影响,现场涌浪较大,暗涌时间较长,无有效的施工作业窗口期进行施工。

3）波浪变化

4—8 月，现场海况较好，波高变化范围较小，波高主要在 1.5m 以下；9 月以后现场波高受季风性气候和台风影响，波高变化逐渐加大，且持续时间较长。

1.3.3　水文特征

1）潮汐特征

场址位于粤西近岸海域，所在海区的潮汐现象主要是太平洋潮波经巴士海峡和巴林塘海峡进入南海后形成的。冬、夏季观测期间调查海区潮流类型主要为不正规半日潮流。

2）设计潮位

本工程的设计水位与重现期水位见表 1-1。

设计水位与重现期水位　　　　　　　　　　　表 1-1

设计水位	数值（m）	设计水位	数值（m）
设计高水位	2.21	50 年一遇极端低水位	−1.50
设计低水位	−0.59	平均海平面	0.716
50 年一遇极端高水位	3.34		

第2章

嵌岩稳桩平台设计及制造

2.1 嵌岩稳桩平台设计

2.1.1 设计原理

三桩芯柱嵌岩导管架基础形式为插入式三桩导管架配合芯柱嵌岩。每个机位设置 3 根嵌岩灌注桩,灌注桩上部安装导管架,连接部分进行灌浆处理。

为满足沉桩及嵌岩一体化施工需求,项目施工过程中累计投入 3 套工程桩施工平台、4 套临时桩导向架及导向架定位桩进行施工作业,其主要功能如下:

(1)具备工程桩的沉桩作业及桩身垂直度的调节功能;

(2)具备嵌岩施工功能,能够独立完成钻孔、钢筋笼下放、混凝土浇筑等工作;

(3)具备完整的供电、供水系统,正常施工情况下,能保证作业人员 7d 以上的生活自持能力;

(4)保证正常工况下的施工安全,非工作工况能够正面抵抗 16 级及以下台风(风速 55m/s)。

嵌岩稳桩平台主要由工程桩施工平台、临时桩导向架、导向架定位桩、牛腿结构、梯子平台等组成。各结构件在钢结构加工厂制造完成,经甲板驳船运输到施工现场后,由起重船进行安装。嵌岩稳桩平台立面图如图 2-1 所示。

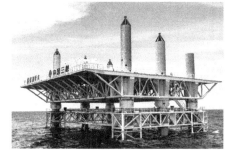

图 2-1 嵌岩稳桩平台立面图

2.1.2 工程桩施工平台

工程桩施工平台主体尺寸为 46.0m × 45.04m × 5.0m(图 2-2、图 2-3),质量 900t。主体结构为双层桁架式结构,上层结构为钢箱梁组成的桁架,包括旋挖钻机轨道梁、履带式起重机轨道梁、连接横梁等;下层及中部支管为钢板卷制的钢管结构。

工程桩施工平台为沉桩和嵌岩施工的主要场地。为满足施工需要,配置 1 台 XR550D 旋挖钻机、1 台 SANY-1500A 履带式起重机、1 台 PC-120 挖掘机和 1 套 2 × 20m³ 混凝土搅拌设备。平台安装完成后,起重船将履带式起重机分段吊装至施工平台进行组拼,将旋挖钻分段吊至平台后,由履带式起重机协助拼装。除钢管桩沉桩外,钢筋笼安装、混凝土拌合料吊运及混凝土浇筑等施工工序的吊装工作均由履带式起重机承担。

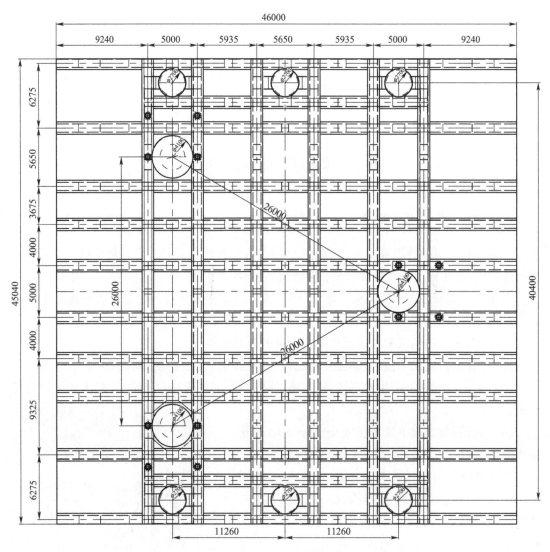

图 2-2　工程桩施工平台平面图(尺寸单位:mm)

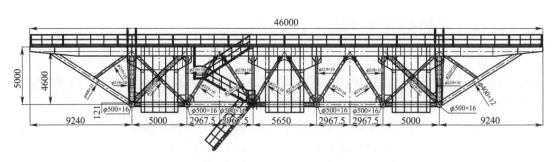

图 2-3　工程桩施工平台立面图(尺寸单位:mm)

平台具备独立供水、供电系统,能够满足施工作业和工人生活需求。配备一台200kW箱式发电机供混凝土搅拌设备使用,日常生活供电由1台75kW箱式发电机提供,以降低成本。设置8个6m×3m×3m生活集装箱,包含一个厨房(含菜库)和洗浴卫生间,5个20m³水罐和1个20t油罐,不施工状态下具备20d以上的自持能力。

常驻平台施工人员由管理人员、起重机司机及嵌岩施工班组等组成,具体施工人员配置见表2-1,能够满足7×24h连续施工作业需要。钢管桩施工及混凝土浇筑作业人员常驻施工作业船舶,当进行对应工序施工时,由交通船进行摆渡。

平台施工人员配置表 表2-1

序号	人员组成	人数(人)	备注
1	管理人员	2	
2	履带式起重机司机	2	
3	旋挖钻司机	2	
4	挖掘机司机	2	
5	嵌岩工	16	含电工1人
6	厨师	2	
7	合计	26	

施工平台平面布置如图2-4所示。

2.1.3 临时桩导向架

临时桩导向架主尺寸为44.2m×27.5m×33.5m,质量900t,为空间桁架式结构。临时桩导向架主要由上部、中部和下部节段和梯子平台组成,节段之间通过法兰对接(图2-5)。

图2-4 施工平台平面布置图

图2-5 临时桩导向架示意图

1)上部节段

上部节段处于设计高水位以上,为主要的施工活动区域,上部节段立面图见图2-6。平台临边处设置防护栏杆,平台面铺设钢格栅,确保水上作业施工安全。

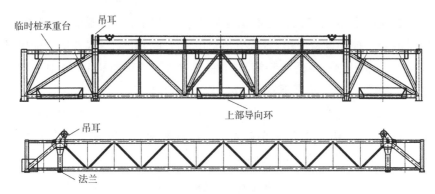

图 2-6　上部节段立面图

定位桩桩孔处做加强处理,每个桩孔布置 4 个顶推油缸,采用螺杆顶推方式调整定位桩垂直度。平台内侧主肢管处设置 4 个销轴式吊耳,用于现场吊装。

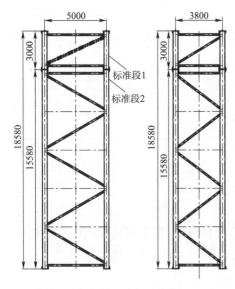

图 2-7　中部节段立面图(尺寸单位:mm)

2)中部节段

中部节段由 2 个标准段组成。标准段 1 主尺寸为 5.0m×3.8m×3.0m,质量 3.14t;标准段 2 主尺寸为 5.0m×3.8m×15.58m,质量 10.95t。中部节段立面图如图 2-7 所示。

各节段通过法兰连接,如图 2-8 所示。在施工过程中可以通过增减标准节段数量,来满足不同水深的施工需求。

3)下部节段

下部节段外轮廓尺寸为 44.2m×27.52m×11.54m,质量 169t,如图 2-9 所示。下部节段首层桁架在桩孔位置设置导向环;在与海床面接触部分设置防沉板,以增大平台同海床接触面积,减小入泥深度。

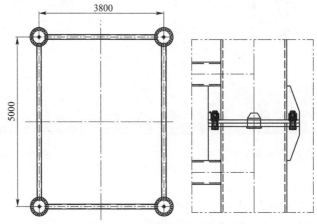

图 2-8　法兰示意图(尺寸单位:mm)

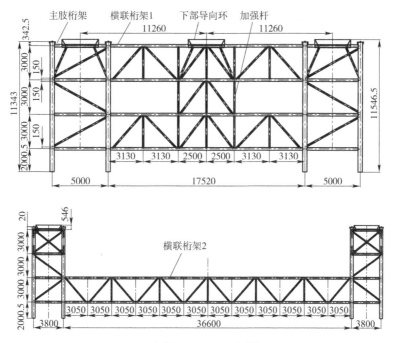

图2-9 下部节段立面图(尺寸单位:mm)

4)梯子平台

单个临时桩导向架共安装2个梯子平台,均位于平台南侧,外轮廓尺寸为6.0m×3.1m×1.8m(图2-10)。梯子平台与定位架通过上下2层,共4道限位板固定,由栏杆、斜梯和活动门等构件组成。在设计高水位和设计低水位时,能够保证人员临时过驳安全。

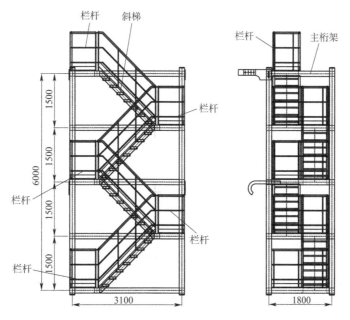

图2-10 梯子平台立面图(尺寸单位:mm)

2.1.4 导向架定位桩

单套稳桩平台共含6根导向架定位桩。导向架定位桩桩径2.5m,长度65m,质量132t。自桩顶以下8m处开始,每1.2m沿桩周均布4个销轴孔,相邻销轴孔错开45°,共布置9排。在满足施工安全的前提下,通过控制导向架定位桩高程及调节环形牛腿的位置,以保证施工平台的高程及水平度满足施工要求。

导向架定位桩示意图如图2-11所示。

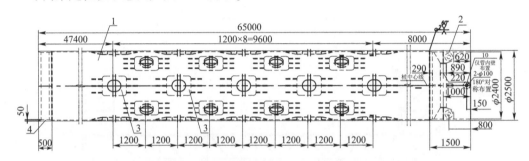

图2-11 导向架定位桩示意图(尺寸单位:mm)

1-圆筒1;2-圆筒2;3-垫板;4-圆筒3

2.1.5 环形牛腿

环形牛腿结构由环形牛腿和销轴组成,为主要的传力构件,能够将上部平台自重及施工过程中的荷载通过定位桩传递至土体中,保证施工的安全。环形牛腿立面图如图2-12所示。

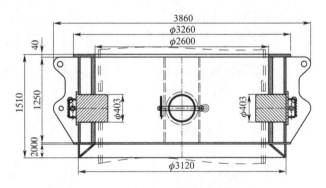

图2-12 环形牛腿立面图(尺寸单位:mm)

2.1.6 工程桩上部导向架

工程桩上部导向架(图2-13)为钢管焊接而成的空间桁架结构,由支撑架和顶推装置两部分组成,主尺寸为8m×7.6m×5m。工程桩施工时,工程桩上部导向架法兰与工程桩施工平台桩孔处法兰通过高强螺栓对接紧固;插桩自沉及沉桩过程中,通过调整顶推油缸行程控制钢管桩垂直度。

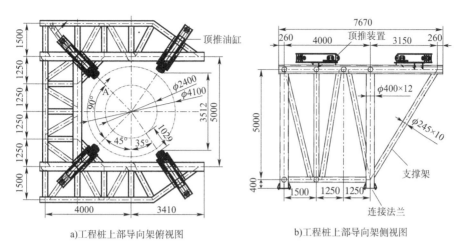

a)工程桩上部导向架俯视图 b)工程桩上部导向架侧视图

图 2-13 工程桩上部导向架(尺寸单位:mm)

2.2 嵌岩稳桩平台加工制造技术

嵌岩稳桩平台加工的主要内容为工程桩施工平台和临时桩导向架的生产制造。

2.2.1 嵌岩稳桩平台制造工艺

1)嵌岩稳桩平台制造工艺流程

嵌岩稳装平台制造工艺流程如图 2-14 所示。

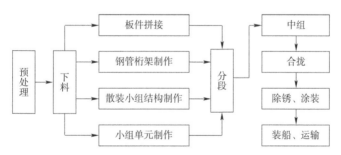

图 2-14 稳桩平台制造工艺流程图

2)焊接技术要求

嵌岩稳桩平台在加工制造过程中,应严格按照焊接工艺流程进行作业,具体流程如图 2-15 所示。

(1)焊接环境要求

焊接作业区风速,当手工电弧焊超过 8m/s,气体保护焊超过 2m/s 时,必须设置防风棚。雨天施工时,顶板的焊接工作必须在临时工作棚内进行,另外二氧化碳气体保护焊宜在防风棚内进行。湿度过大(≥80%),不利于焊接时,宜对焊接位置附近进行除湿处理,可采用局部加热的方法,降低焊接区域的湿度。

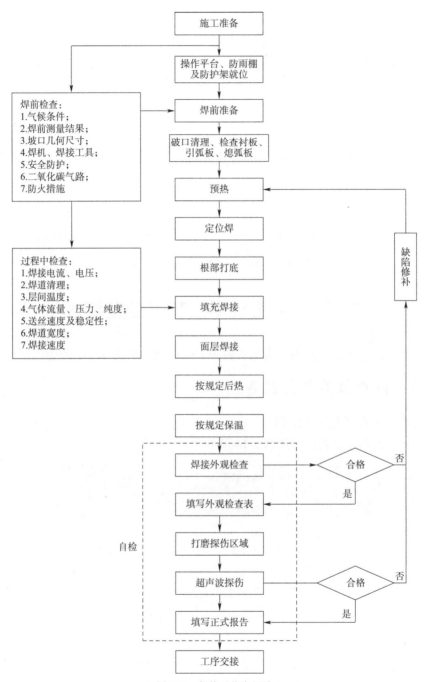

图 2-15　焊接工艺流程图

（2）焊接工艺评定

根据设计节点形式，钢材材质，规格和采用的焊接方法，焊接位置，焊接工艺参数，制定焊接评定方案及作业指导书，按《焊缝无损检测　超声检测　技术、检测等级和评定》（GB/T 11345—2013）的规定施焊试件、切取试样，并由具有国家技术质量监督部门授权资质的检测单位进行检测试验。通过焊接工艺评定得出最优的焊接参数，具体焊接时严格按照焊接工艺评定所得的焊接参数进行。

（3）焊接方法

焊接作业主要采用 CO_2 气体保护半自动焊,车间拼板采用埋弧自动焊,现场采用药芯焊丝 CO_2 气体保护焊接。焊接顺序根据先焊长焊缝、后焊短焊缝,先焊熔敷量大的焊缝、后焊熔敷量小的焊缝的原则制定。

多层多道焊接时,各层各道间的熔渣必须清除干净。角焊缝的转角处包角应良好,焊缝的起落弧处应回焊 10mm 以上。

埋弧自动焊焊剂覆盖厚度不应小于 20mm,且不大于 60mm,焊接后应等焊缝稍冷却再敲去熔渣。如在焊接过程中出现断弧现象,必须将断弧处刨成 1:5 的坡度,搭接 50mm 施焊。不允许在焊缝以外的母材上随意打火引弧。如发现焊缝出现裂纹,应及时查明原因后按重新制定的方案施工。

（4）焊接前后检查清理

焊接前,仔细核对坡口尺寸是否合格,清除坡口内的水、锈蚀、油污,清除定位焊处的焊渣、飞溅物及污物。焊接后,认真除去焊道上的飞溅物、焊瘤、咬边、表面气孔、未熔合、裂纹等。

2.2.2　材料进厂及复检

根据材料质量保证书检验材料规格及外观锈蚀等级。检查材料尺寸、规格及数量是否符合要求。

做好材料进厂记录。钢材表面不得有裂纹、结疤、折叠、夹渣等缺陷,表面锈蚀、麻点、划痕、压痕的深度不得大于钢材厚度负公差的一半,断口不得有夹渣、分层等缺陷;凡不合格的钢材,不允许登记入库,并及时退场。

按设计和规范要求进行原材料的抽样送检工作,未经报审的材料和送检不合格的材料,不得使用。原材料理化试验抽样检验按同一厂家、同一材质、同一板厚、同一出厂状态的钢材组成检验批:每150t抽取一组,进行化学成分、拉伸、冷弯、冲击试验;且应抽取每种板厚的10%(至少1块)进行超声波探伤,检验不合格的钢材不得使用。

材料取样及检验如图 2-16 所示。

a) 原材取样　　　　　　　　　　　　b) 超声波检测(UT)探伤

图 2-16　材料取样及检验

材料进厂检验按《钢结构工程施工规范》(GB 50755—2012)标准执行,原材料检验复验表见表2-2。

原材料检验复验表 表2-2

序号	项目	检测要求及方法
1	钢板厚度公差的检测	钢板厚度按《热轧钢板和钢带的尺寸、外形、重量及允许偏差》(GB/T 709—2019)执行
2	钢板的不平度检测	按《热轧钢板和钢带的尺寸、外形、重量及允许偏差》(GB/T 709—2019)执行
3	钢材的表面外观质量检测	钢材表面有锈蚀、麻点或划痕等缺陷时,其深度不得大于该钢材厚度负允许偏差的1/2;钢材端边或断口处不应有分层、夹渣等缺陷,采用目测检测的方法检验
4	物理、化学性能检验	抽样检验,按材料标准中描述检验规则检验

2.2.3 划线、开料

1)钢板下料

(1)对于较长矩形板件采用门式数控切割机精切下料,形状复杂的钢板零件用数控切割机下料。下料前如钢材翘曲或直线度影响下料精度时,下料前应进行矫平或校直。钢材矫平在校平机或油压机上进行,型材校直在校直机或顶弯机上进行。

(2)钢材切割后实际切割线对预定切割线(下料线)的偏差不得超过1.5mm;对割口端面不能达到设计要求的,应进行修正(补焊或打磨等)。应清除切割后的零件飞刺,气割后应清除表面的金属毛刺、渣滓、溅斑和融滴。放样划线、校直及下料允许偏差见表2-3。

放样划线、校直及下料允许偏差 表2-3

序号	工序	检测项目	允许偏差(mm)
1	放样划线	平行线距离和分段尺寸	±0.5
2		对角线差	1.0
3		宽度、长度	±0.5
4		孔距	±0.5
5		加工样板角度	±20′
6	校直	钢板局部平面度	$t \leq 14$,不超过1.5;$t \geq 14$,不超过1.0
7		弯曲矢高	1/1000,5.0
8	切割	零件宽度、长度	±2
9		切割面平面度	$0.05t$,且不应大于2.0
10		割纹深度	0.3
11		局部缺口深度	1.0

注:t为板厚。

（3）矫正可采用机械校正、加热校正、加热与机械联合矫正等方法。碳素结构钢和低合金钢在加热校正时，加热温度应为700~800℃，空气冷却的最低温度不得低于600℃，低合金钢不得泼水冷却。

2）钢管、型钢下料

钢管件应采用钢管切割机或锯床下料，钢管两端坡口30°。主管原则上长度按定尺采购，下料时增加焊接收缩余量，焊接收缩量根据图纸或工艺要求进行预留，无要求时按照以下要求进行预留：钢管壁厚≤6mm时，每个节点预留1mm；钢管壁厚≥8mm时，每个节点预留1.5mm。

2.2.4　嵌岩稳桩平台分段制作

1）分段划分

嵌岩稳桩平台主体结构划分为上部分段（工程桩施工平台）和下部分段（临时桩导向架）两部分。上部分段（工程桩施工平台）划分为15个分段、两翼及平台下的钢管散件和甲板结构。下部分段（临时桩导向架）划分为34个分段和24个顶推装置。嵌岩稳桩平台各分段的主体尺寸、质量、数量等具体参数见表2-4。

嵌岩稳桩平台分段方案　表2-4

序号	所属区域	分段名称	主体尺寸（mm）	分段质量（t）	分段数量（个）	吊装方案
1		S1	6200×6000×5700	44.4	2	2号塔式起重机
2		S1a	8120×6200×5700	44.4	2	2号塔式起重机
3		S1b	8120×6200×5700	44.4	2	2号塔式起重机
4		S2	11260×11200×5250	41.8	1	1号、2号塔式起重机
5		S3	11260×11200×5250	41.8	1	1号、2号塔式起重机
6	上段（工程桩施工平台）	S4	11260×11200×5250	41.8	1	1号、2号塔式起重机联吊
7		S5	11260×11200×5250	41.8	1	1号、2号塔式起重机联吊
8		S6	11260×10640×5250	37.7	1	1号、2号塔式起重机
9		S7	11260×10640×5250	37.7	1	2号塔式起重机
10		S8	11200×6200×5250	27.3	2	1号、2号塔式起重机
11		S9	10640×6200×5250	26.9	2	1号、2号塔式起重机
12		两翼平台散件	45050×8640×5250	93.5	2	1号、2号塔式起重机
13		其余散件	—	35		1号、2号塔式起重机
上段总质量：810.7t						
14		SDJ19	5400×4200×3515	15	1	2号塔式起重机
15	下段（临时桩导向架）	VSDJ16	5400×4200×3515	14.8	1	2号塔式起重机
16		VSDJ20	5400×4200×3515	15	1	1号、2号塔式起重机

序号	所属区域	分段名称	主体尺寸 （mm）	分段质量 （t）	分段数量 （个）	吊装方案
17	下段 （临时桩导向架）	VSDJ15	5400×4200×3515	14.8	1	1号、2号塔式起重机
18		ZDJ1	5400×4200×3000	3.1	6	1号、2号塔式起重机
19		ZDJ2	5400×4200×3000	3.1	6	1号、2号塔式起重机
20		ZDJ3	5400×4200×15580	11	2	1号、2号塔式起重机
21		ZDJ4	5400×4200×15580	11	2	1号、2号塔式起重机
22		XDJ26	5400×4200×11343	14.1	2	1号、2号塔式起重机
23		VXDJ32	5400×4200×11343	14.1	2	1号、2号塔式起重机
24		SDJ12	17120×4050×3245	19.3	1	2号塔式起重机
25		SDJ17	17120×4050×3245	19.3	1	1号、2号塔式起重机
26		SDJ4	36200×3384×3245	17.6	1	1号、2号塔式起重机
27		SDJ18	36200×3384×3245	17.6	1	1号、2号塔式起重机
28		XDJ19	17120×4045×3245	12.3	1	2号塔式起重机
29		XDJ27	17120×4045×3245	12.3	1	1号、2号塔式起重机
30		XDJ29	17120×4045×3245	10	1	1号、2号塔式起重机
31		XDJ31	17120×4045×3245	12.8	1	2号塔式起重机
32		XDJ12	36200×3375×3245	25	1	1号、2号塔式起重机
33		XDJ17	36200×3375×3245	25	1	1号、2号塔式起重机
34	顶推装置	顶推装置	1443×526×402	0.6	24	1号、2号塔式起重机
下段总质量:411.4t						

嵌岩稳桩平台分段划分如图 2-17～图 2-19 所示。

2）隔板单元制作工艺

隔板单元由隔板和过人孔加劲肋组成,在专用横隔板平装胎架上固定。夹具夹紧其自由边,依次安装人孔加劲圈,横隔板的横向、竖向加劲筋板。为控制焊接变形,横隔板单元件装配好后采用药芯焊丝二氧化碳气体保护焊接,采用双边角焊缝,标准为焊脚尺寸 10mm,隔板单元制作流程如图 2-20 所示。

3）箱架、甲板分段制作

（1）梁段组装时,面板朝下紧贴胎架,依次拼装、焊接横隔板腹板底板及斜撑管。在拼装胎架上,预先固定制作好的箱梁面板。在底板内表面上标记出腹板、横隔板的安装线,纵向按 1mm/m 预留收缩余量,横向不预留收缩余量。

（2）按横隔板安装线安装横隔板。组装横隔板时,严格按横隔板编号进行安装,横隔板间偏差允许值为 ±1mm,检测垂直度 <1mm,组装间隙 <0.5mm。

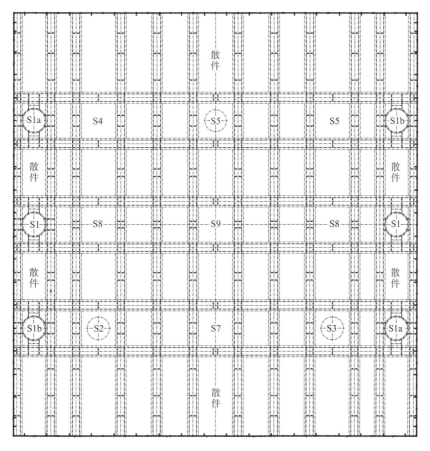

图 2-17　上段分段划分平面图(隐藏甲板结构)

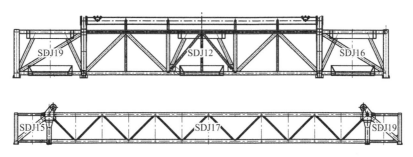

图 2-18　部分下段分段(上部节段)划分立面图

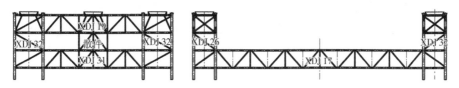

图 2-19　部分下段分段(下部节段)划分立面图

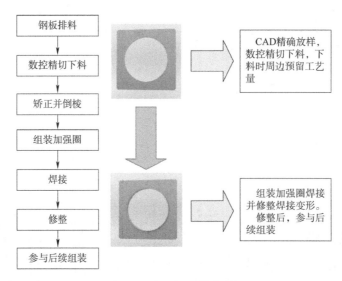

图 2-20　隔板单元制作流程图

（3）将侧腹板贴紧横隔板和底板处的侧腹板安装线，采用临时斜撑固定并定位焊接。

（4）安装底板，将底板与腹板之间点焊固定后焊接。

（5）最后安装施工平台甲板和钢管结构并焊接，焊接完成并检测合格后，进行后续的施工平台组装工作。

上部分段加工如图 2-21 所示。

a) 箱梁制作

b) 挑梁制作

c) 支撑组件制作

d) 组拼完成的结构件

图 2-21　上部分段加工示意图

4）钢管桁架分段制作

圆管桁架组装、预拼装在胎架或者平台上进行。桁架的结构形式为弦杆贯通,腹杆焊接在弦杆上,其节点为腹杆与弦杆直接焊接的相贯节点。为保证各桁架尺寸形状的正确性,在装配前进行预拼装,在连接处增加连接耳板,用螺栓进行连接(不焊),确认其正确性,如有不符,则立即进行矫正、整改。

桁架主管及相互连接的腹杆在装配平台上利用组装胎架进行装配,装配工艺为在胎架上先组装上弦及下弦的主管,确定空间位置,再装配支管并定位、焊接。支管接头定位焊时,不得少于4点。桁架节点处的焊接,其加劲肋、短钢柱与支座底板之间及加劲肋与短钢柱之间进行双面角焊缝连接,满焊。

下部分段加工如图2-22所示。

a) 桁架制作

b) 承重台制作

c) 下部横联桁架2制作

d) 横联桁架1制作

图2-22　下部分段加工示意图

5）注意事项

（1）组装胎架是保证节段组装质量的关键。在胎架上设置必要的顶具,便于在组装过程中对单元件进行顶推对位,保证块体或节段整体的组装精度,并可提高组装效率。基础和胎架刚度按最大节段质量设计,并留一定的安全储备,确保在使用过程中不出现沉降及变形。组装胎架的设计不仅充分考虑了对节段线形的控制,而且对节段的尺寸控制十分有利。胎架端部必须设置测量基点,便于在组装过程中随时进行测量监控。

（2）由于钢箱梁要求标准较高，故采用合理的矫正方法至关重要。根据结构特点，对钢梁用热矫法进行矫正。矫正的主要项目包括扭曲变形、曲线度、端口尺寸等。扭曲变形的修整，通常采用斜条状加热法，条状加热尽量选择在节段隔板处，而且要根据板厚、变形大小确定加热条数和位置。具体操作时应控制条状宽度及热量，防止板面发生凹陷变形。

（3）临时桩导向架制作时，由于临时桩导向架上段与临时桩导向架中段需要匹配的法兰数量多达 16 对，跨距大，为确保连接法兰螺栓孔的匹配度，临时桩导向架上段的法兰板在分段制作时不安装，上段的法兰板与中段的法兰一同提前安装，在合拢时，上段的钢管下口带靠模合拢，在与下段对齐后再焊接上段钢管的法兰板。

2.2.5　嵌岩稳桩平台组装合拢

1）中间组装

为提高合拢效率，缩短总装合拢工期，部分分段需要进行中间组装（以下简称"中组"）后再进行总装合拢。上段（工程桩施工平台）不需要中组，下段（临时桩导向架）部分分段在总装合拢前需要进行中组，具体方案见表 2-5。临时桩导向架中组如图 2-23 所示。

嵌岩稳桩平台分段中组方案　　　　　　　　　　　　　　表 2-5

序号	总段名称	分段名称	总段主体尺寸（mm）	单个分段质量(t)	分段数量（个）	单个总段质量(t)	总段数量（个）	吊装方案
1	总段一	XDJ32	27920×11343×5400	14.1	2	53.3	1	2 号塔式起重机
		XDJ19		12.3	1			
		XDJ31		12.8	1			
2	总段二	XDJ26	27920×11343×5400	14.1	2	50.5	1	2 号塔式起重机
		XDJ27		12.3	1			
		XDJ29		10	1			
3	总段三	ZDJ1	5400×4200×9000	3.1	3	9.3	2	1 号、2 号塔式起重机
4	总段四	ZDJ2	5400×4200×9000	3.1	3	9.3	2	1 号、2 号塔式起重机
5	总段五	SDJ19	27920×4200×3515	12.3	1	46.4	1	2 号塔式起重机
		SDJ16		14.8	1			
		SDJ12		19.3	1			
6	总段六	SDJ20	27920×4200×3515	15	1	49.1	1	1 号、2 号塔式起重机
		SDJ15		14.8	1			
		SDJ17		19.3	1			

a) 总段一中组1　　　　　　　　　　　　b) 总段一中组2

c) 总段二中组　　　　　　　　　　　　d) 总组三中组

图2-23　临时桩导向架中组示意图

2）总装合拢

（1）工程桩施工平台总装合拢（图2-24）顺序为：S9→S8→S1→S6、S7→S2、S3、S4、S5→散件（中部）→S1a、S1b→非塔式起重机侧散件箱梁→非塔式起重机侧散件甲板→塔式起重机侧散件箱梁小组→塔式起重机侧散件甲板。

图2-24　工程桩施工平台总装合拢示意图

（2）临时桩导向架总装合拢（图2-25）顺序为：总段一（南侧）→SDJ17、SDJ19→总段二（北侧）→ZDJ3、ZDJ4→总段三、总段四→总段六→SDJ4、SDJ18→顶推装置。

图 2-25　临时桩导向架总装合拢示意图

2.3　导向架定位桩加工制造技术

2.3.1　导向架定位桩制造工艺

导向架定位桩施工严格按照图 2-26 工艺流程实施。

图 2-26　导向架定位桩施工工艺流程图

2.3.2　钢板下料

根据尺寸排版、画线,板料对角线误差控制在±1mm,再用半自动切割机切割,并按照设计要求开好坡口。切割后应对坡口进行打磨处理,将氧化铁铁渣打磨清除干净,并将凹凸不平处打磨平整。

钢板下料如图2-27所示。

图2-27　钢板下料

2.3.3　管节卷制

管节在三辊卷板机上进行卷制。卷制时要求进料角度应保证板边与卷板机三辊轴心线垂直;制管压头圆弧$R<1300$mm。焊缝定型时错边≤3mm,采用焊丝定位焊接,点焊的最小长度为50mm,间距300mm,并用油漆笔在管节内外均标注规格及管节号。

管节卷制如图2-28所示。

a) 管节卷制　　　　　　　　　　　　　　b) 管节纵缝焊接

图2-28　管节卷制

2.3.4　内外焊

1)管节内焊

(1)将焊好引(熄)弧板的卷制管节吊放到焊剂衬垫台上,使焊缝外侧紧压在焊剂衬垫上。

（2）安装焊接小车行走轨道和焊接小车,并进行焊前调整。将红外线跟踪灯与焊丝对准焊缝中心,焊丝伸长 30 ~ 50mm,焊剂堆散 30 ~ 40mm 高,焊接电流、电压、行走速度按工艺卡规定参数调整。

（3）内焊的准备工作完成后,在起弧板处起弧焊接,焊接小车行走,焊丝和红外线跟踪灯对准焊缝中心并保证在一条线上,调整位置,避免偏移,直至焊至收弧板处停机。用风铲清理前道焊焊渣及异物,打磨光整,准备下道焊接。

管节内纵焊缝焊接如图 2-29 所示。

图 2-29　管节内纵焊缝焊接

2）管节外焊

（1）用气刨将外焊缝刨至引、熄弧板处,深浅根据内焊质量情况而定,最终形成良好的 U 形焊接坡口。

（2）将安装好的小车、焊剂送至工作台,焊接小车轨道安装到位,安装焊丝,并将焊丝调整至伸长 30 ~ 50mm,焊丝与红外线跟踪灯对准焊缝中心并在一条线上,按工艺卡要求调整焊接参数,打开焊剂输送口,焊剂堆散 30 ~ 40mm 高,在起弧板处第一道焊起弧。

（3）在焊接过程中,随时调整,不能偏移焊缝,焊至收弧板后停机。用风铲清理前道焊焊渣及异物,打磨光整,准备下道焊接。

管节外焊如图 2-30 所示。

a) 气刨清根　　　　　　　　　　　b) 环焊缝焊接

图 2-30　管节外焊

2.3.5 管节校圆

钢管管节焊接完毕后,由卷制人员将管节校圆,检验人员进行节点检测,要求如下:直径偏差小于4mm、单节长度偏差小于2mm、椭圆度偏差小于±4mm,并用专用弧度板进行弧度检测。

2.3.6 开孔

开孔前,确保滚轮架与等离子切割机轨道连线垂直。转动滚轮架,销轴孔中心错开纵焊缝45°后,按照设计尺寸进行切割。

切割成型的销轴孔应沿管桩中心对称分布,销轴孔中心与桩中心水平连线距离不应超过2mm,同节段销轴孔下底面相对误差不超过1mm。

销轴孔加工如图2-31所示。

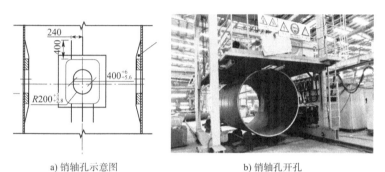

a) 销轴孔示意图　　　　　　　　b) 销轴孔开孔

图2-31 销轴孔加工示意图(尺寸单位:mm)

2.3.7 组拼

1)分段组拼

使用专用拼接工装进行节段之间的组对,组拼前先调平拼接工装。将制作好的单节管吊装至拼接平台,直焊缝应错开90°以上,错台应控制在3mm以内,弯曲度控制在2mm以内,组拼合格后点焊固定,开始内焊与外焊。2+2、4+4等组拼和1+1组拼类似,每增加1个管节弯曲度控制可增加1mm,累计总弯曲度不超过30mm。

分段组拼如图2-32所示。

a) 管节拼接1　　　　　　　　b) 管节拼接2

图 2-32

c) UT探伤   d) 环板焊接

图 2-32 分段组拼

2) 总体组装

单根钢管桩通过自行式模块运输车（Self-propelled modular transporter，SPMT）转运至外场进行总拼。将上、下两节管桩吊运至已校平的滚轮架上进行组对，相邻纵焊缝需错开 90°以上，错位控制在 3mm 以内，并测量上侧和左右两侧母线，确保弯曲度在任何 3m 范围内≤3mm，在任何 12m 范围内≤10mm，整体≤30mm。精度确认完毕开始合缝预焊，合缝完成后开始正式埋弧焊焊接。

总体组装如图 2-33 所示。

图 2-33 总体组装

2.4 嵌岩稳桩平台防腐涂装技术

2.4.1 涂装要求

嵌岩稳桩平台按《水运工程结构防腐蚀施工规范》（JTS/T 209—2020）相关要求进行防腐处理，防腐设计年限不低于 5 年。所有钢管、箱梁两端应严格焊接密封。防腐要求如下：

（1）所有钢材进厂后进行喷砂预处理达 Sa2.5 级，喷涂预处理车间底漆，预处理漆应不低于 3 个月沿海室外环境的防腐要求。

（2）结构制造完成后按表 2-6 进行涂装。

2.4.2 涂装施工工艺

嵌岩稳桩平台防腐涂装施工工艺如图 2-34 所示。

涂装体系 表 2-6

项目	涂装	涂装体系	涂料名称	干膜总厚度
封闭钢结构内表面	底漆	二道	环氧富锌底漆	$2 \times 40 \mu m$
钢结构外表面	除锈		表面清理干净,无油、干燥,经处理不低于 St3 级	
	底漆	二道	环氧富锌底漆	$2 \times 40 \mu m$
	中间漆	一道	环氧云母氧化铁中间漆	$1 \times 160 \mu m$
	面漆	二道	聚氨酯面漆	$2 \times 40 \mu m$
外表面干膜总厚度				$320 \mu m$

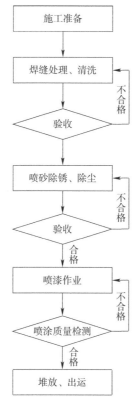

图 2-34 嵌岩稳桩平台防腐涂装施工工艺

(1)表面清理包括表面缺陷修补、打磨,钢板表面盐含量的检测及可溶盐的清除,表面油污的检查及清除,粉尘记号、涂料、胶带等表面附着物及杂物的清除。表面清理的质量直接影响喷砂处理后的表面质量,对基材与底漆之间的结合力有至关重要的影响。表面缺陷处理部位及要求见表2-7。

表面缺陷处理部位及要求 表 2-7

序号	部位	焊缝及缺陷部位的打磨
1	自由边	①用砂轮机磨去锐边或其他边角,使其圆滑过渡,最小曲率半径为2~3mm;②圆角可不处理
2	飞溅	用工具除去可见的飞溅物:①用刮刀铲除;②用砂轮机磨钝

续上表

序号	部位	焊缝及缺陷部位的打磨
3	焊缝咬边	超过0.8mm深或宽度小于深度的咬边,均采用补焊或打磨进行修复
4	表面损伤	超过0.8m深的表面损伤、坑点或裂纹,均采取补焊或打磨进行修复
5	手工焊缝	表面超过3mm不平度的手工焊或焊缝有夹杂物,用磨光机打磨
6	自动焊缝	一般不需特别处理
7	正边焊缝	带有铁槽、坑的正边焊缝应按"咬边"的要求进行处理
8	焊接弧	按"飞溅"和"表面损伤"的要求进行处理
9	割边表面	打磨至凹凸度小于1m
10	厚钢板边缘切割硬化层	用砂轮磨掉0.3mm

(2)为增强漆膜与钢材的附着力,应对二次除锈后的钢材表面进行清洁处理,然后进行涂装。表面清洁项目及要求见表2-8。

表面清洁项目及要求　　　　　　表2-8

序号	项目	清洁要求
1	油脂	清除,不允许留有肉眼可见痕迹
2	水分、盐分	肉眼不可见
3	肥皂液	肉眼不可见
4	焊割产生的烟尘	用手指轻摩,不见烟尘下落
5	白锈	用手指轻摩,不见粉尘下落
6	粉笔记号	用干净棉纱抹净,允许可见痕迹
7	专用涂料笔记号	不必清除
8	未指定涂料笔记号	用铲刀等工具清除,肉眼不可见
9	漆膜破损	肉眼不可见有烧损起泡等漆膜缺陷
10	其他损伤	用碎布、棉纱抹净

2.4.3　喷砂除锈技术要求

(1)磨料的清洁、干燥性能符合相关规范的要求;磨料粒度和形状均满足喷射处理后对表面粗糙度的要求,磨料清洁(不含油、杂物)、干燥(不含水),质量符合规定要求。

(2)为保证经喷砂处理的表面具有符合要求的粗糙度和清洁度,在使用过程中定期对磨料进行检查,对回收后的砂进行筛选及粉尘分离,清除废砂并及时补充新砂。

(3)钢板表面不得被油、蜡及有机溶剂污染。受污染的部位必须在喷砂前进行彻底除油清洗。环氧富锌体系涂装要求钢表面喷砂清理必须达到《涂覆涂料前钢材表面处理表面清洁度的目视评定　第1部分:未涂覆过的钢材表面和全面清除原有涂层后的钢材表面的锈蚀等级和处理等级》(GB/T 8923.1—2011)和《涂覆涂料前钢材表面处理　表面清洁度的目视评定　第2部分:已涂覆过的钢材表面局部清除原有涂层后的处理等级》(GB/T 8923.2—2008)规定的Sa2.5级或St3级。

（4）喷砂后钢表面粗糙度达到 R225～R260，即符合《表面粗糙度比较样块 第3部分：电火花、抛（喷）丸、喷砂、研磨、锉、抛光加工表面》（GB/T 6060.3—2008）规定的样块粗糙度 Ra 为 6.3～12.5μm 粗糙要求。最大粗糙度不超过涂装体系干膜厚度的 1/3，否则要加涂一道底漆。喷砂完成后，经检查合格后方可进行涂装作业。

2.4.4 喷涂质量要求及检测

1）涂层外观要求

涂层要求平整，均匀，漆膜无气泡、裂纹，无严重流挂、脱落，无漏涂、误涂等缺陷，面漆颜色与比色卡一致。金属涂层表面均匀一致，不允许有漏涂、起皮、鼓泡、大熔滴、松散粒子、裂纹和掉块等。

2）油漆厚度的要求与检测

（1）用电子涂层厚度仪、磁性测厚仪和横杆式测厚仪等测量漆膜厚度。

（2）每涂完一层后，必须检查漆膜厚度，出厂前检查总厚度。

（3）每 10m² 测 5 处，每处的数据为 3 个相距 50mm 测点涂层干膜厚度的平均值，每个点的量测值如小于图纸值应加涂一层涂料。

（4）钢结构外部所测点的值必须有 90% 达到或超过规定漆膜值，未达到规定膜厚的测点值不得低于规定膜厚要求的 90%；钢结构内部 85% 的测点漆膜厚度应达到规定漆膜厚度，剩余的 15% 的测点漆膜厚度应不小于规定漆膜厚度的 85%。

防腐涂装如图 2-35 所示。

a) 喷砂除锈

b) 喷漆

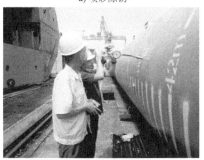
c) 漆膜抗拔试验

d) 漆膜厚度检测

图 2-35　防腐涂装

第3章
嵌岩稳桩平台施工技术

3.1 嵌岩稳桩平台施工工艺

3.1.1 主要施工设备

1)起重船

(1)"长大海升"3200t 起重船(图 3-1)

"长大海升"为3200t 双臂架变幅式起重船,主要承担本项目嵌岩稳桩平台吊装、转运及工程桩施工等工作。船长 110m,型宽 48m,型深 8.4m,设计吃水 4.8m,具有 4×800t 主钩和 2×100t 副钩,8 个 AC-14 型大抓力锚。为适应广东阳江风电项目所在海域水深大、无遮挡风及涌浪大的特点,在"长大海升"起重船进场施工前针对航行锚泊系统进行改造升级。

图 3-1 "长大海升"3200t 起重船

(2)"华西 900"1050t 全回转起重船(图 3-2)

"华西 900"是 1050t 全回转起重船,主要承担定位桩插打及振拔施工。船长 135m,型宽 41m,型深 10.3m,设计吃水 6.5m,具有 4×800t 主钩和 2×100t 副钩,船锚有 8 个。

图 3-2 "华西 900" 1050t 全回转起重船

2) 振动锤

"YZ-400B" 振动锤技术参数见表 3-1。

"YZ-400B" 振动锤技术参数 表 3-1

序号	技术指标名称	参数	单位	锤体图 (尺寸单位：mm)
1	偏心力矩	500	kg·m	
2	激振力	10740	kN	
3	最大转速	1400	r/min	
4	最大振幅	34.5	mm	
5	最大静拔桩力	4000	kN	
6	最大工作压力	350	bar	
7	最大油流量	2800	L/min	
8	参振质量	50040	kg	
9	总质量	65060	kg	
10	钢管桩夹具	YZJ200DC	×6	
11	质量	1500	kg/个	
12	联动平台 (含横梁)	21060	kg	
13	动力站 (型号)	1400P	×2	

注：1. 1kg·m = 9.8N·m。

　　2. 1bar = 0.1MPa。

3.1.2　施工工艺流程

嵌岩稳桩平台搭设施工工艺流程如图 3-3 所示。

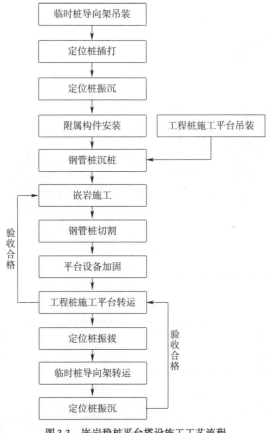

图 3-3　嵌岩稳桩平台搭设施工工艺流程

3.2　嵌岩稳桩平台吊装

3.2.1　临时桩导向架吊装

1) 船舶进位

临时桩导向架吊装船位如图 3-4 所示,运输驳船抵达施工水域后,靠泊"华西 900"左舷。

2) 吊索挂设

(1)"长大海升"向前移船,先将放置于运输船艉部的钢丝绳挂至双前主钩上,并在每条钢丝绳圈底部往上 10m 左右位置捆扎一条钢丝绳后挂至索具钩上。此时,"华西 900"使用主起重机将施工人员吊至导向架平台顶部,测量人员按照施工方案安装测量定位设备。

(2)"长大海升"同步向前移船,开始挂设吊索。施工人员按照由远到近的顺序依次将钢丝绳挂入导向架吊耳内;挂设吊点时,先摇出一半销轴行程,再指挥下放索具钩,施工人员拉住钢丝绳底部缆风绳,将钢丝绳圈套入销轴内,再完全摇出销轴,卡入环形卡板,拧紧 6 个螺栓;最后,收紧销轴至卡板完全贴紧焊接挡板。待吊点挂设完成,定位设备数据回传正常后,人员全部撤回"华西 900"甲板。

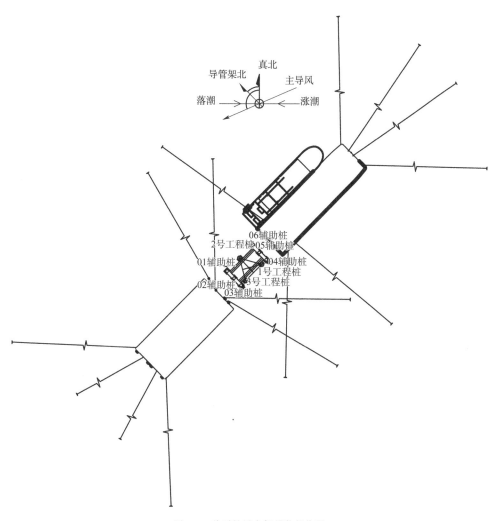

图 3-4　临时桩导向架吊装船位图

（3）根据首次吊装经验，后续对吊索挂设工艺进行优化，改进为在厂区预先挂设好钢丝绳后顺放至驳船甲板面，现场挂钩。此项改进措施，大大减少了高空作业的滞留时间，降低了施工风险。

3）临时桩导向架起吊及下放

（1）"长大海升"提升吊钩至钢丝绳受力绷直后，按照先竖向支撑后斜撑的顺序切割限位工装，最后解除缆风钢丝绳。起吊前，再次检查、确认全部限位割除后，方可起吊导向架。

（2）起吊时，先慢速提升双前主钩，起吊至导向架高过甲板面 5m 左右时，停钩观察吊钩、吊索无异常后，方可继续起吊。当导向架高过甲板 10m 左右时停钩，绞缆移船开始安装导向架。

（3）根据定位系统实时反馈的数据，调整船位，使临时桩导向架移至设计方位。继续下放导向架至与泥面接触，再根据倾斜仪反馈数据微调主钩高度，直至导向架水平度满足设计要求。吊装完成后，对导向架各项数据进行测量验收，方位角允许偏差不超过 3°，机位中心偏差不超过 50cm。

临时桩导向架吊装如图 3-5 所示。

a) 人员过驳 b) 吊索挂设

c) 导向架限位 d) 导向架起吊

e) 导向架下放 f) 导向架下放完成

图 3-5　临时桩导向架吊装

3.2.2　定位桩插打

定位桩起吊采用单钩两点吊,在桩顶以下 150mm 位置对称布置 2 个 ϕ100mm 的吊耳孔,通过 120t 弓形卸扣和 ϕ78mm×12.6m 无接头绳圈连接至吊钩上,借助桩底处的固定式翻桩器对定位桩沿桩长方向的约束,实现立桩翻身。

1) 吊索具挂设

挂索前,项目部组织人员对吊索具、吊点进行检查、记录并核对吊索具型号及吊重是否匹配;施工人员预先将钢丝绳与卸扣拼装起来,并将钢丝绳与卸扣弓背用尼龙绳绑扎固定,最后通过起重机转至运桩船。挂索时,在起重机的协助下,将取掉销轴的卸扣卡入吊耳孔处桩壁,按照螺母朝外、螺栓朝内的要求穿入销轴并插好保险销。起吊时,施工人员将2条钢丝绳分别挂入副钩钩齿内,封好防脱钩装置后,起吊翻身。

2)定位桩翻桩、立桩

"华西900"提升副钩至桩顶高过甲板约1.5m后,静置2min,观察吊索具及吊点情况,确认无异常,方可继续起吊。在起吊过程中,通过调整臂架变幅角度及回转角度,保持定位桩轴线与驳船纵轴水平,避免因为斜拉造成定位桩扭转、滑移;同时,密切观察桩底翻桩器情况,如有严重变形,应立即停止起吊。

3)定位桩对位下放

定位桩翻身竖直后,按照"先插高点后插低点、先插四角后插中间"的原则进行插桩作业。根据起重指挥的指令,起重机手通过调整变幅及回转角度将定位桩对准桩孔,再继续下放至定位桩完成自沉。

在定位桩自沉过程中,测量人员同步使用扫边法扫测桩身垂直度,并根据所测数据指挥工人收放顶推油缸,调整桩身垂直度;再继续下放至管桩自沉完毕,借助钢丝绳自重脱钩后,将油缸完全顶紧桩壁。

定位桩吊装如图3-6所示。

a)吊索挂设

b)翻身

c)插桩

d)对位

图　3-6

e) 定位桩测量   f) 解钩

图 3-6 定位桩吊装

3.2.3 定位桩振沉

"华西900"使用副钩吊装"YZ-400B"振动锤进行定位桩振沉;振动锤放置在"华西900"甲板上,每次使用前后,由专职操作人员对振动锤进行检查。挂锤时,下放副钩起吊振动锤,索具钩起吊油管。旋转臂架至定位桩正上方,缓慢下钩,使夹具套入桩顶,夹紧锤夹。缓慢下放副钩,借助振动锤重量使定位桩进一步自沉。待桩身稳定后,提升副钩至钢丝绳受力,低频率振动,副钩随着管桩贯入,同步下放。

沉桩过程中,多次扫测桩身垂直度并通过调整油缸行程进行纠正。根据桩身贯入度调整输出能量,避免溜桩。当距离终锤高程50cm左右时,保持较小的贯入度继续振沉,直至施打至设计高程。测量人员扫测桩身垂直度后,继续振沉下一根定位桩。

定位桩振沉如图3-7所示。

a) 起锤   b) 套锤

图 3-7

c) 定位桩振沉

图3-7 定位桩振沉

3.2.4 附属构件安装

定位桩振沉完成后,即可进行导向锥和环形牛腿的吊装。单个导向锥重约3.5t,使用1条ϕ28mm以上钢丝绳圈进行吊装,钢丝绳一端挂于导向锥上部吊耳板内,另一端挂于主吊索具钩内。安装时,待导向锥下部立柱段插入桩顶后,下钩至完全坐底,通过旋转臂架及起落钩将钢丝绳脱出。

单个环形牛腿重约13.2t,采用4根ϕ24×25m钢丝绳进行吊装。吊装时,钢丝绳一端使用卸扣连接至吊耳上,钢丝绳上部则挂至一条平衡梁上。牛腿套入定位桩前,在销轴孔下方沿管桩焊接4块三角板;下放时,牛腿直接落到钢板上后,再将销轴插入销轴孔内,最后安装挡销及别针销。

附属构件安装如图3-8所示。

a) 导向锥安装

b) 环形牛腿吊装

图 3-8

| c) 环形牛腿对位 | d) 牛腿调平 |

图 3-8　附属构件安装

3.2.5　工程桩施工平台吊装

1) 吊点挂设

施工平台采用"长大海升"起重船进行整体吊装。按照结构上已设吊点,采用四吊点吊装,每个吊点均采用一根 ϕ198mm×45m(工作长度)钢丝绳圈,吊装钢丝绳随平台一同运达现场。

2) 工程桩施工平台吊装

工程桩施工平台吊离运输船1.5m后,运输船通过船后方的2个定位锚缓慢向西移船退位,"长大海升"4个主钩继续提升工程桩施工平台至离水面5m左右后移船至机位附近,臂架变幅至平台北方向,随后缓慢提升4个主钩,待高于定位桩顶2m后,"长大海升"向前绞锚进位。待平台中心与机位中心大致对齐后,依据测量数据调整船位及主副钩高度,尝试初次下放工程桩施工平台,在此过程中不断调整臂架摇摆幅度,直至工程桩施工平台顺利套入定位桩。套桩成功后,主钩缓慢下放,直至平台平稳地落在已安装好的环形牛腿或垫片环上。

图 3-9　定位桩振沉

"长大海升"吊装钢丝绳卸力,确认工程桩施工平台与环形垫片之间的吊装不存在虚位后,准备工程桩施工平台钢丝绳解钩及平台连接板焊接工作;同时采集平台高程及水平度等数据。

定位桩振沉如图3-9所示。

3.3　嵌岩稳桩平台转运

一个机位完成嵌岩施工后,需将工程桩施工平台和临时桩导向架分别整体转运至下一机位,主要包括施工平台转运、导向架转运(含定位桩)及定位桩振拔等内容。

3.3.1　临时桩导向架整体转运

1）定位桩振拔

（1）定位桩由起重船使用"YZ-400B"振动锤进行振拔。拔桩前,应先将导向架与定位桩切割,并连接码板,解除平台与定位桩的约束。

（2）起锤前,对振动锤进行检查,排除可能出现的故障,并确认振动锤锤夹间距。将振动锤钢丝绳挂入主钩钩齿,安装并检查封钩装置无误后,起吊振动锤。提升至一定高度后,索具钩挂起油管,开始套桩。确认振动锤套入桩顶后,夹紧锤夹。小能量振动,待管桩出现明显贯入后,慢速起钩。在起钩过程中,继续保持振动,同时观察吊重变化。通过吊重和管桩拔起高度确认桩底拔出泥面后,停钩,振动锤停机。

（3）静置1h以上,再慢速下钩至管桩停止贯入。若贯入深度较大,需重新提起管桩,再次静置至桩身稳定,直至满足整体吊装要求。依次拔完剩余工程桩,在此过程中注意监控起重机吊重以及油管情况。

（4）再次检查钢管桩的贯入情况,对于再次贯入的管桩,重复上述步骤,再次提起静置。

（5）当下一机位定位桩入土深度较当前机位浅,为保证施工平台高程满足要求,需在定位桩振拔过程中将牛腿调低。调整时,在牛腿下部对称放置4个液压千斤顶,将牛腿顶起5cm左右后,拔出销轴后放至承重台上。在拔桩过程中,定位桩拔至设计销轴孔位置时,将牛腿重新安装至定位桩上,再继续振拔。

定位桩振拔如图3-10所示。

b) 牛腿调节

a) 定位桩振拔　　　　　　　　　c) 二次振拔

图3-10　定位桩振拔

2)临时桩导向架整体转运、安装

临时桩导向架吊装采用4条φ198mm×45m(工作长度)钢丝绳绳圈进行吊装,单侧2条钢丝绳挂入同一个主钩内。后续施工中,对吊装方案进行优化,吊索具更换为4套吊带(550t吊带+1000t卸扣+400t吊带打双),挂4个主钩进行吊装。

施工人员带齐工具、材料,通过船艏栈桥过驳至导向架,开始挂钩作业。调整船位,下放主钩,按照由远到近的顺序(相对船艏)将钢丝绳分别挂入临时桩导向架吊耳内。同时,测量人员安装定位设备并标定临时桩导向架,数据通过电缆回传至监控计算机。

各项工作检查确定无误后,作业人员撤回起重船甲板,调整主钩至同一高度,开始起吊。双钩联动,慢速起钩,提升导向架与环形牛腿接触,继续起钩,将管桩提出泥面。待导向架防沉板提出水面后,停钩,借助海浪冲刷掉淤泥等杂物。起吊过程中,注意监控各钩吊重。

导向架转运过程与施工平台转运类似,"长大海升"抵达下一机位后,根据定位系统实时反馈数据,调整导向架艏向和中心位置满足设计要求(与前文导向架吊装要求一致)后,下放至泥面,最后粗调水平度。

工程桩施工平台转运如图3-11所示。

a) 导向架挂索 b) 导向架起吊

图3-11　工程桩施工平台转运

3)定位桩振沉

定位桩振沉与3.2.3节内容一致,区别在于当前机位定位桩入土深度较上一机位深时,为保证施工平台高程满足要求,需在定位桩振沉过程中将牛腿调高。

在定位桩振沉至牛腿距离承重台50cm位置时,停锤。对称放置4个液压千斤顶,将牛腿顶起5cm左右,拔出销轴。下放牛腿至承重台后,继续沉桩。待打入至设计销轴孔后,将牛腿重新安装至定位桩销轴孔上。

在沉桩过程中,无法保证各桩牛腿顶高程完全一致。因此,在沉桩完成后,复测各桩牛腿顶面高程,得出相对高差数值,通过在牛腿顶面增加钢板方法进行精确调平。

定位桩振沉如图3-12所示。

a) 定位桩振沉

b) 牛腿调整

c) 测量验收

d) 安装导向锥

图 3-12　定位桩振沉

3.3.2　工程桩施工平台整体转运

1）平台设备加固

（1）根据平台实际设备及构件质量，计算出平台重心位置后对平台构件重新进行布置，尽可能减小平台重心的偏移。

平台重心计算见表 3-2。

平台重心计算表（45 号机位为例）　　　　　　　　　　表 3-2

平台重心计算					
名称	质量	y 向	x 向	y 向力矩	x 向力矩
单位	t	m	m	kN·m	kN·m
工具房	4	19.2	−20.3	7.68×10^5	8.12×10^5
钻头存放区	40	0	−18.5	0	-7.4×10^6
砂石料堆放区 1	20	20.2	5.7	4.04×10^6	1.14×10^6
砂石料堆放区 2	40	16.7	0.7	6.68×10^6	2.8×10^5
造浆设备（膨润土）	30	−12.9	−18.9	3.87×10^6	-5.67×10^6
油罐（剩余油量 0.5m）	13	−20.8	−18.9	-2.704×10^6	-2.457×10^6

续上表

平台重心计算					
名称	质量	y 向	x 向	y 向力矩	x 向力矩
集装箱1	3	20.6	19.4	6.18×10^5	5.82×10^5
集装箱2	3	15.7	19.4	4.71×10^5	5.82×10^5
集装箱3	3	12.4	19.4	3.72×10^5	5.82×10^5
集装箱4	3	7.9	19.4	2.37×10^5	5.82×10^5
搅拌机	60	-13.8	7.9	-8.28×10^6	4.74×10^6
400kW 发电机	5.5	-13.7	21.2	-7.535×10^5	1.166×10^6
75kW 发电机	3	-8.5	21	-2.55×10^5	6.3×10^5
水箱-1	7.5	-20.8	14.6	-1.56×10^6	1.095×10^6
水箱-2	7.5	-20.8	17.6	-1.56×10^6	1.32×10^6
水箱-3	7.5	-20.8	20.6	-1.56×10^6	1.545×10^6
水箱-4(空箱)	1.5	-20.3	-3.4	-3.045×10^6	-5.1×10^4
水箱-5(空箱)	1.5	-20.3	-7.3	-3.045×10^5	-1.095×10^5
旋挖钻	200	13.1	5.6	2.620×10^7	1.120×10^7
集装箱5	3	4.6	19.4	1.38×10^5	5.82×10^5
集装箱6	3	0.4	19.4	1.2×10^4	5.82×10^5
集装箱7	3	-3.0	19.4	-9×10^4	5.82×10^5
集装箱8	3	-16.7	17.1	-5.01×10^5	5.13×10^5
挖掘机	20	-5.9	12.6	-1.18×10^6	2.52×10^6
履带式起重机	150	-12.9	-5.7	-1.935×10^7	-8.55×10^6
平台自重	810	—	—	—	—
平台总质量	1445	—	—	—	—
总力矩和	—	—	—	-2.7365×10^6	5.1735×10^6
重心坐标	—	-0.18938	0.35803	—	—

（2）平台转运前，提前将导向锥拆除吊装至货船，供其他机位周转使用。

（3）清理规整平台设备。旋挖钻下放钻杆和桅杆至平台面，履带式起重机臂架下放至特制托架上，最后在履带的前后及侧面共计 8 个点用 50 号工字钢顶住，工字钢上部高出履带 20cm，下部与平台焊接。钢筋笼与平台栏杆使用铁丝双绑扎，每节钢筋笼不少于 4 处。其他小型设备或构件用钢板或钢筋与平台焊接固定。最后，切割掉施工平台与定位桩的筋板，完全解除施工平台的约束。

平台设备加固如图 3-13 所示。

a) 旋挖钻爬臂

b) 履带式起重机爬臂

c) 履带式起重机加固

d) 旋挖钻加固

e) 小型构件加固

f) 钢筋笼加固

图 3-13　平台设备加固

2）施工平台起吊

平台在进行设备加固时,在"长大海升"预先进位平台一侧挂设一级吊具,进位时艏向视现场海况而定。一级吊具挂设完成后,移船进位起吊施工平台。作业人员从船艏栈桥过驳至临时桩导向架。吊点挂设按照由远到近(相对船艏方向)的顺序进行;施工人员将钢丝绳挂入平台吊点内,装好卡板,拧紧螺栓。撤离前,检查清点并确认所有人员撤离后,开始起吊工程桩施工平台。

起吊时,先慢速起钩,提升平台至与环形牛腿脱离接触后,观察吊重及平台水平度,单独调整吊钩调平。提升平台底部高过最高的定位桩桩顶2m以上后,绞缆移船,退离机位。最后,调整平台距离水面以上15m左右后,停钩。

3）施工平台转运、安装

根据两机位距离远近及作业海况,选择由拖轮拖带或在锚艇的协助下"长大海升"自航至下一机位。在航行过程中安排专人值守,实时观察平台状态及吊重变化情况。

抵达机位附近后,按照预定船位抛锚进位。根据监控画面及目视情况,调整船位至导向架正上方后,下放平台至施工平台套入全部 6 根定位桩内。下钩至施工平台与环形牛腿接触,直至全部卸载。

工程桩施工平台吊装如图 3-14 所示。

a) 挂设一级吊具　　　　　　　　　b) 吊点挂设

c) 施工平台整体转运　　　　　　　d) 施工平台安装

图 3-14　工程桩施工平台吊装

第4章

嵌岩稳桩平台施工过程仿真分析

4.1 有限元分析说明

4.1.1 计算依据

(1)《港口与航道水文规范》(JTS 145—2015)(2022 年版);

(2)《港口工程荷载规范》(JTS 144-1—2010);

(3)《起重机设计规范》(GB/T 3811—2008);

(4)《钢结构设计标准》(GB 50017—2017);

(5)《海上移动平台入级规范》(CCS 2016);

(6)《固定式导管架平台结构基于风险的检验指南》(CCS 2020);

(7)《海上作业规划和执行规则 第 2 部分:作业特殊要求》[DNV. *Rules for planning and execution of marine operations Part* 2:*operation specific requirements*(DNV 1996)]。

4.1.2 作业环境

(1)近海海域。

(2)工作环境温度: - 10 ~ +45℃ 。

(3)相对湿度:90% 。

(4)作业水深:24.2m。

(5)风、(涌)浪、流速:≤2m/s。

(6)工作风速:≤20m/s。

(7)非工作风速:55m/s。

4.1.3 结构材料

结构材料为 Q345 钢,销轴材料为 42CrMo。

4.1.4 计算模型

利用 ANSYS 软件对嵌岩稳桩平台建立三维有限元模型,模型主要采用 Solid45、Shell63、

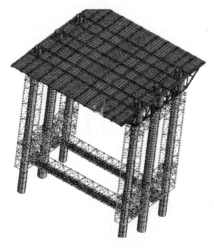

图4-1　嵌岩稳桩平台有限元模型

Pipe59、Beam188 单元进行模拟,其中定位桩和施工平台面板结构采用 Shell181 单元;同时在定位桩中心建立 Pipe59 单元,其密度和弹性模量都设置为极小值,即不考虑其重量和刚度,用以计算波浪及海流的作用,通过迎浪方向与 Shell181 节点耦合来施加波浪荷载;水上部分梁式结构采用 Beam188 单元,通过节点力的形式施加风荷载。

嵌岩稳桩平台有限元模型如图4-1所示。

4.1.5　计算荷载

1)结构及机械荷载

结构及机械荷载见表4-1。

结构及机械荷载表　　　　　　　　　　　　表4-1

序号	名称	单重(tf)	数量
1	工程桩施工平台	900	1
2	临时桩导向架	450	1
3	定位桩	132	6
4	牛腿结构	13.1	6
5	工程桩导向架	21	3
6	XR550 旋挖钻自重	200	1
7	XR550 旋挖钻钻孔扭矩	55	1
8	150t 履带式起重机自重(含吊重物)	200	1

注:1tf = 9.8 × 10³kN。

2)风荷载

《海上移动平台入级规范》(CCS 2016)(本章简称《规范》)中规定,风压 P 和作用于构件上的风力 F 的计算公式如下所示:

$$P = 0.613 \times 10^{-3} V^2 \tag{4-1}$$

$$F = C_h \times C_S \times S \times P \tag{4-2}$$

式中:V——设计风速;

C_h——暴露在风中构件的高度系数;

C_S——暴露在风中构件的形状系数;

S——受风构件的正投影面积,m²。

在有限元分析中所用风荷载数值根据上述公式计算而得,式中的参数根据《规范》选取,风荷载以不同方向的节点力施加在迎风面的节点上。

3）波浪和海流荷载

《规范》中规定，小尺度（$D/L \leq 0.2$，其中 D 为构件截面特征尺度，L 为波长）孤立桩柱上的波浪荷载可用莫里逊（Morision）公式计算，即单根桩腿单位长度所受的波浪荷载为：

$$F = F_D + F_I \tag{4-3}$$

$$F_D = 1/2 \rho_W C_D A |\mu - \dot{x}|(\mu - \dot{x}) \tag{4-4}$$

$$F_I = \rho_W C_A V(\dot{\mu} - \ddot{x}) + \rho_W V \dot{\mu} = \rho_W V(C_M \dot{\mu} - C_A \ddot{x}) \tag{4-5}$$

式中：F——小尺度构件垂直于其轴线方向单位长度上的波浪力，kN/m；

$\quad F_D$——单位长度上的曳力，kN/m；

$\quad F_I$——单位长度上的曳力，kN/m；

$\quad \rho_W$——海水密度，t/m^3；

$\quad A$——单位长度构件在垂直于 $\mu - x$ 方向上的投影面积；

$\quad C_D$——曳力系数；

$\quad C_A$——附连质量系数；

$\quad C_M$——惯性力系数，$C_M = C_A + 1$；

$\quad V$——单位长度构件的体积，m^3/m；

$\quad \mu$——垂直于构件轴线水质点速度分量，m/s，当海流与波浪联合作用时，μ 为波浪水质点的速度矢量与海流速度矢量之和在垂直于构件方向上的分量；

$\quad \dot{\mu}$——垂直于构件轴线水质点加速度分量，m/s^2；

$\quad \dot{x}$——垂直于构件轴线构件速度分量，m/s；

$\quad \ddot{x}$——垂直于构件轴线构件加速度分量，m/s^2。

当只考虑海流作用时，作用在平台水下部分构件的海流荷载按下式计算：

$$F = \frac{1}{2} C_D \rho_W V^2 A \tag{4-6}$$

式中：F——小尺度构件垂直于其轴线方向单位长度上的波浪力，kN/m；

$\quad C_D$——曳力系数；

$\quad \rho_W$——海水密度，t/m^3；

$\quad V$——单位长度构件的体积，m^3/m；

$\quad A$——单位长度构件在垂直于 $\mu - x$ 方向上的投影面积。

在有限元分析中，可省去上述手工计算量，波浪和海流荷载通过 Pipe59 单元由程序自动计算来施加。在 ANSYS 中通过定义材料属性中的 Watertable：选择 Stokes 5 阶波理论，输入海水密度、海水深度、波高、周期、海流表层、中层及底层流速、波流入射角及相位角，便可利用 Morison 公式自动计算波浪、海流荷载，并通过节点耦合作用将波流力传递给定位桩。

4）结构构件许用应力值

根据《规范》的规定，参与结构分析的平台主体框架的结构构件应按以下规定确定其许用应力值 $[\sigma]$：

$$[\sigma] = \frac{\sigma_s}{S} \tag{4-7}$$

式中：$[\sigma]$——许用应力，N/m^2；

σ_s——材料的屈服强度，N/m^2；

S——安全系数，轴向或弯曲应力取值为 1.25，剪切应力下取值为 1.88。

板材按下式进行屈服校核：

$$\sigma_{eq} \leqslant \frac{\sigma_s}{S} \tag{4-8}$$

$$\sigma_{eq} = \sqrt{\sigma_x^2 + \sigma_x^2 - \sigma_x \sigma_y + 3\tau_{xy}^2} \tag{4-9}$$

式中：σ_{eq}——等效应力，N/m^2，取板单元形心处的中面应力值（膜应力）计入；

σ_x——单元 x 方向的应力，N/m^2；

σ_y——单元 y 方向的应力，N/m^2；

τ_{xy}——单元 xy 方向的剪应力，N/m^2；

σ_s——材料的屈服强度，N/m^2；

S——安全系数，静载工况取值为 1.43。

受压杆件整体屈曲临界应力 σ_{cr} 的计算公式为：

$$\sigma_{cr} = \begin{cases} \sigma_E, \sigma_E \leqslant \dfrac{\sigma_s}{2} \\ \sigma_s\left(1 - \dfrac{\sigma_s}{4\sigma_E}\right), \sigma_E > \dfrac{\sigma_s}{2} \end{cases} \tag{4-10}$$

式中：σ_E——欧拉应力，N/m^2，$\sigma_E = \dfrac{\pi^2 E}{(Kl/r)^2}$；

E——弹性模量，取 $2.06 \times 10^5 N/m^2$；

$\lambda = \dfrac{Kl}{r}$——长细比；

l——杆件实际长度；

r——杆件截面惯性半径；

K——杆件有效长度系数，根据《规范》选取。

按照《规范》的规定，当桩腿受到轴向压缩和弯曲压缩复合作用时，应满足下列强度要求：

$$\frac{\sigma_a}{[\sigma_a]} + \frac{\sigma_b}{[\sigma_b]} \leqslant 1 \tag{4-11}$$

式中：σ_a——计算轴向压应力，N/m^2，取绝对值；

σ_b——计算弯曲压应力，N/m^2，取绝对值；

$[\sigma_a]$——许用轴向压应力，N/m^2，取值为 $\sigma_s/1.25 = 276\text{MPa}$；

$[\sigma_b]$——许用弯曲压应力，N/m^2，取值为 $\sigma_s/1.25 = 276\text{MPa}$。

4.2　平台吊装过程仿真分析

平台吊装过程分为临时桩导向架自持、临时桩导向架整体吊装(含 6 根定位桩)及施工平台整体吊装三个工况。

4.2.1　临时桩导向架自持

临时桩导向架自持工况为临时装导向架首次吊装后安放于海床上,等待插打定位桩。分析时,定位桩下导向架底部入泥点加固定约束;对临时桩导向架各节点施加风荷载及风浪、海流荷载,结构自重通过系统重力加速度加载。

考虑水流及风力单独沿 X 方向和 Z 方向作用下的响应情况,临时桩导向架自持工况综合应力云图及综合位移云图如图 4-2 ~ 图 4-5 所示。

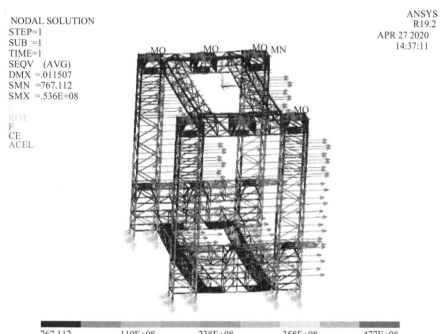

图 4-2　临时桩导向架自持工况 X 方向综合应力云图(单位:Pa)

4.2.2　临时桩导向架整体吊装

临时桩导向架整体吊装工况为一个机位完成嵌岩施工后,上部平台完成转场,定位桩已拔松,"长大海升"起重船 2 个主钩吊装临时桩导向架 4 个吊点,携带 6 根定位桩整体转运,主要荷载及加载方式:

(1)导向架结构自重,通过系统重力加速度加载;

(2)定位桩及自重,通过承重台处质量点施加作用力;

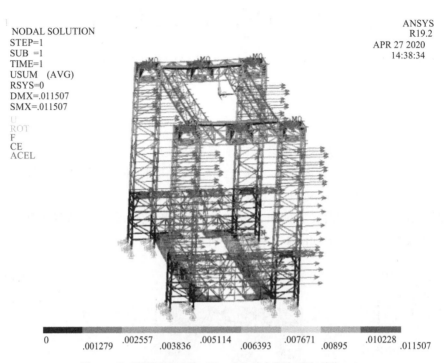

图 4-3　临时桩导向架自持工况 X 方向综合位移云图(单位:m)

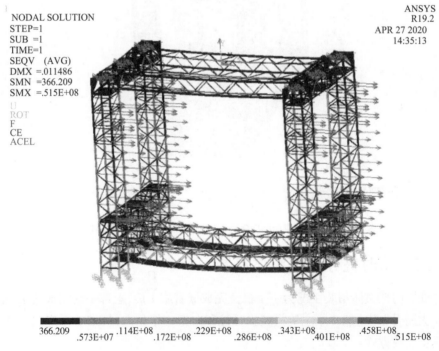

图 4-4　临时桩导向架自持工况 Z 方向综合应力云图(单位:Pa)

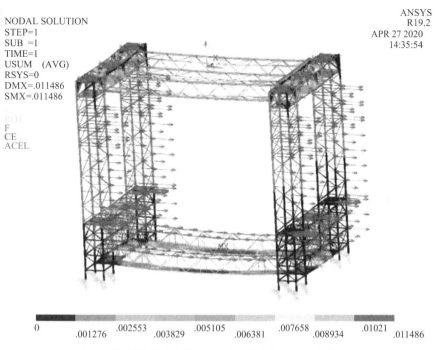

图4-5 临时桩导向架自持工况 Z 方向综合位移云图(单位:m)

(3)定位桩放置在海床面的摩擦力,按 1 倍定位桩自重,通过承重台处质量点施加作用力。

临时桩导向架整体吊装工况综合应力云图及位移云图如图4-6、图4-7 所示。

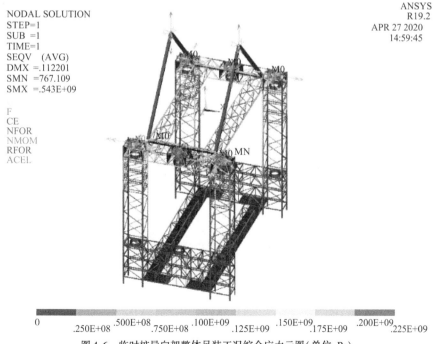

图4-6 临时桩导向架整体吊装工况综合应力云图(单位:Pa)

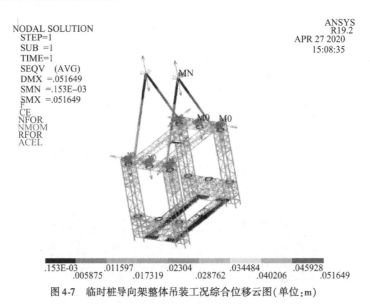

图4-7 临时桩导向架整体吊装工况综合位移云图(单位:m)

4.2.3 施工平台整体吊装

施工平台整体吊装所有施工机具及物资堆放于上部平台上,一个机位施工完成后由起重船吊装上部平台4个吊点整体转场。主要荷载及加载方式:

(1)施工平台结构自重,通过系统重力加速度加载;

(2)旋挖钻及履带式起重机自重,通过对应位置质量点施加;

(3)平台上施工物资重量,通过在平台两侧选取节点均匀施加,每侧各施加3000kN作用力。

施工平台整体吊装工况应力云图及综合位移云图分别如图4-8、图4-9所示,中部桁架支管、节点、应力云图如图4-10~图4-21所示。

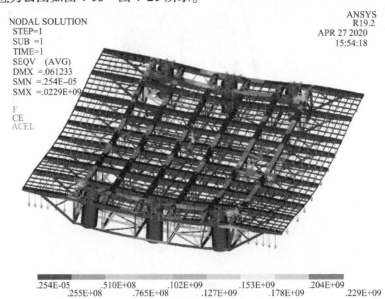

图4-8 施工平台整体吊装工况综合应力云图(单位:Pa)

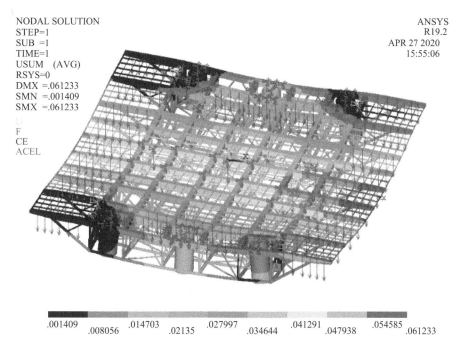

图4-9 施工平台整体吊装工况综合位移云图(单位:m)

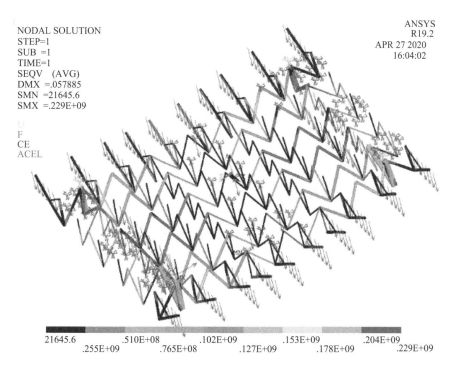

图4-10 中部桁架支管应力云图(单位:Pa)

图 4-11　中部桁架支管最大应力部位(单位:Pa)

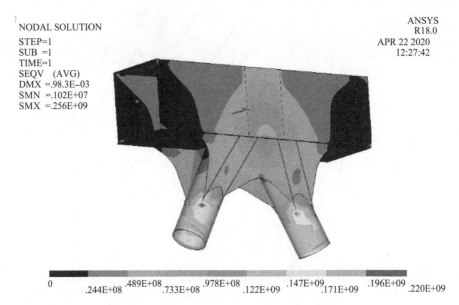

图 4-12　节点 1 综合应力云图(1)(单位:Pa)

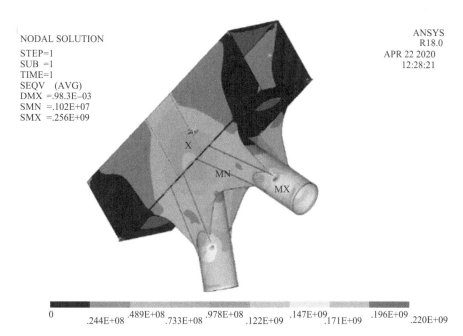

图 4-13 节点 1 综合应力云图(2)(单位:Pa)

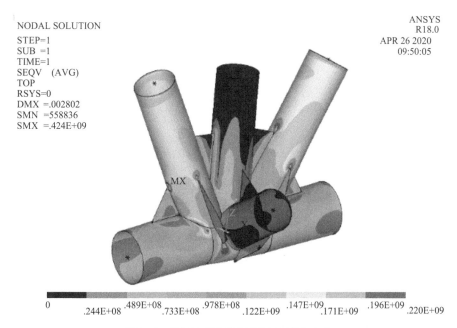

图 4-14 节点 10 综合应力云图(1)(单位:Pa)

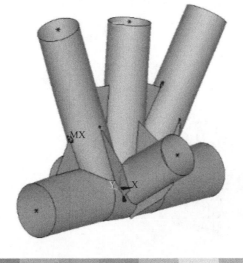

NODAL SOLUTION
STEP=1
SUB =1
TIME=1
SEQV (AVG)
TOP
RSYS=0
DMX =.002802
SMN =558836
SMX =.424E+09

ANSYS
R18.0
APR 26 2020
09:51:01

.220E+09 .243E+09 .267E+09 .290E+09 .313E+09 .337E+09 .360E+09 .383E+09 .407E+09 .430E+09

图4-15　节点10综合应力云图(2)(单位:Pa)

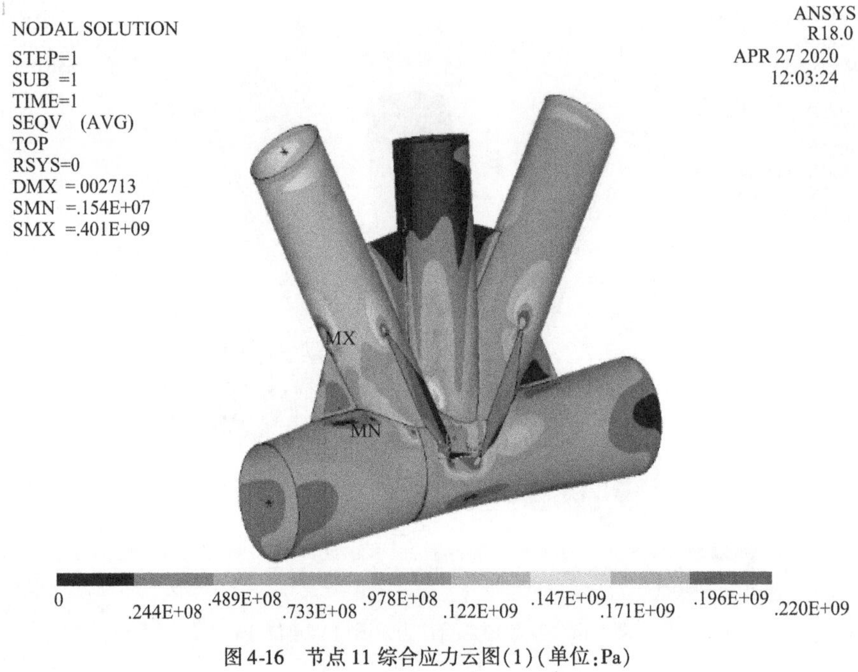

NODAL SOLUTION
STEP=1
SUB =1
TIME=1
SEQV (AVG)
TOP
RSYS=0
DMX =.002713
SMN =.154E+07
SMX =.401E+09

ANSYS
R18.0
APR 27 2020
12:03:24

0 .244E+08 .489E+08 .733E+08 .978E+08 .122E+09 .147E+09 .171E+09 .196E+09 .220E+09

图4-16　节点11综合应力云图(1)(单位:Pa)

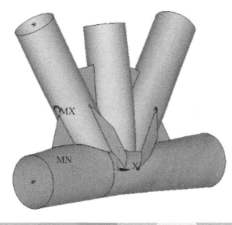

NODAL SOLUTION
STEP=1
SUB =1
TIME=1
SEQV (AVG)
TOP
RSYS=0
DMX =.002713
SMN =.154E+07
SMX =.401E+09

ANSYS
R18.0
APR 27 2020
12:04:14

.220E+09 .260E+09 .300E+09 .341E+09 .381E+09
.240E+09 .280E+09 .321E+09 .361E+09 .401E+09

图 4-17 节点 11 综合应力云图（2）（单位：Pa）

NODAL SOLUTION
STEP=1
SUB =1
TIME=1
SEQV (AVG)
TOP
RSYS=0
DMX =.709E−03
SMN =583851
SMX =.259E+09

ANSYS
R18.0
APR 27 2020
17:18:21

0 .489E+08 .978E+08 .147E+09 .196E+09
.244E+08 .733E+08 .122E+09 .171E+09 .220E+09

图 4-18 节点 12 综合应力云图（1）（单位：Pa）

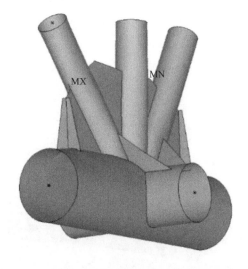

图 4-19 节点 12 综合应力云图(2)(单位:Pa)

图 4-20 吊耳节点综合应力云图(1)(单位:Pa)

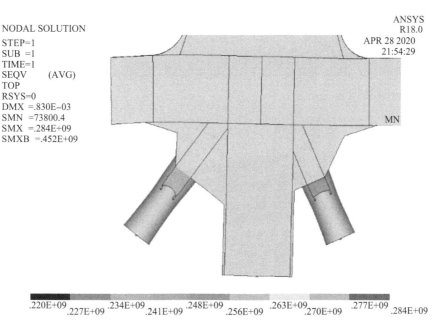

图4-21 吊耳节点综合应力云图(2)(单位:Pa)

4.3 嵌岩施工过程仿真分析

在平台嵌岩施工过程中,主要考虑施工机械和堆放材料对平台结构的影响。在考虑平台堆载情况下,分别对两台大型施工机械位于平台中间、平台一侧分四种工况进行计算。平台主要荷载及加载方式:

(1)上平合结构自重,通过系统重力加速度加载;

(2)工程桩上部导向装置自重,通过对应位置质量点施加;

(3)旋挖钻自重、旋挖钻扭矩、履带式起重机自重,通过对应位置质量点施加;

(4)平台上施工物资重量,通过在平台两侧选取节点均匀施加,每侧各施加3000kN作用力;

(5)混凝土料重量,通过在平台靠近定位桩两端选取节点,各施加2500kN作用力。

上部平台荷载总计15400kN。

4.3.1 工况一

施工平台由牛腿支撑,平台定位桩侧各堆载300t材料,旋挖钻和履带式起重机均位于平台中部。综合应力云图及综合位移云图(甲板未显示)分别如图4-22、图4-23所示。中部桁架支管、节点应力云图如图4-24~图4-26所示。

4.3.2 工况二

施工平台由牛腿支撑,平台定位桩侧各堆载300t材料,旋挖钻和履带式起重机均位于工程桩桩孔连线位置,履带式起重机垂直于纵梁方向吊装。工况二综合应力云图及综合位移云图(甲板未显示)分别如图 4-27、图 4-28 所示,中部桁架支管、节点应力云图如图 4-29 ~ 图 4-34 所示。

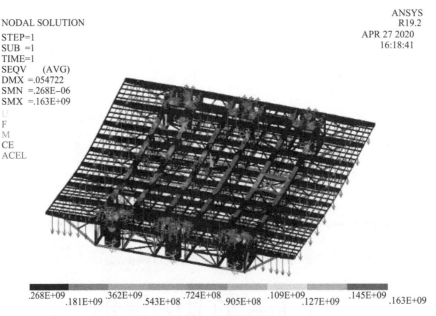

图 4-22　工况一综合应力云图(单位:Pa)

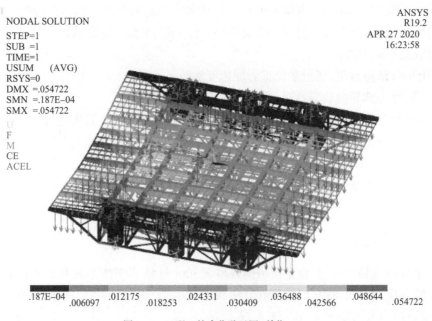

图 4-23　工况一综合位移云图(单位:m)

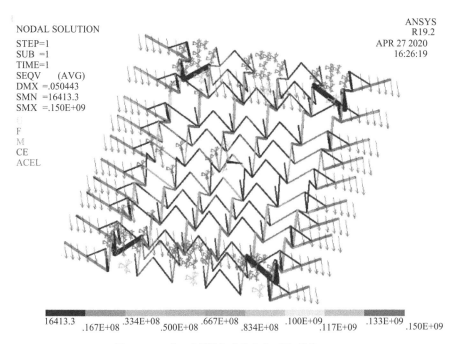

图 4-24　工况一中部桁架支管应力云图(单位:Pa)

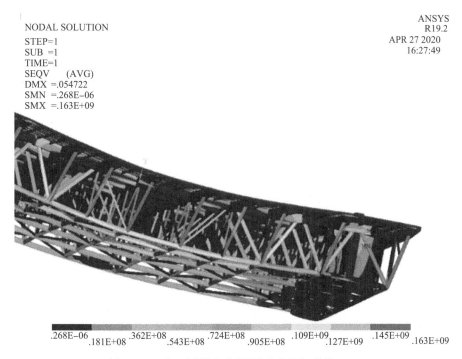

图 4-25　工况一中部桁架支管最大应力部位(单位:Pa)

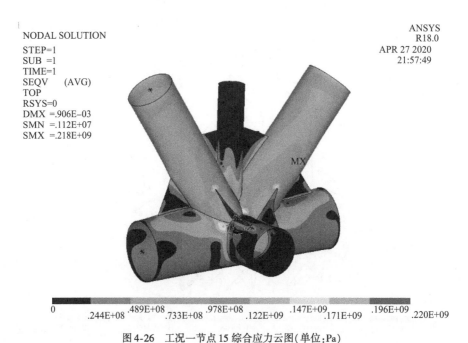

NODAL SOLUTION
STEP=1
SUB =1
TIME=1
SEQV   (AVG)
TOP
RSYS=0
DMX =.906E−03
SMN =.112E+07
SMX =.218E+09

ANSYS
R18.0
APR 27 2020
21:57:49

| 0 | .244E+08 | .489E+08 | .733E+08 | .978E+08 | .122E+09 | .147E+09 | .171E+09 | .196E+09 | .220E+09 |

图4-26   工况一节点15综合应力云图(单位:Pa)

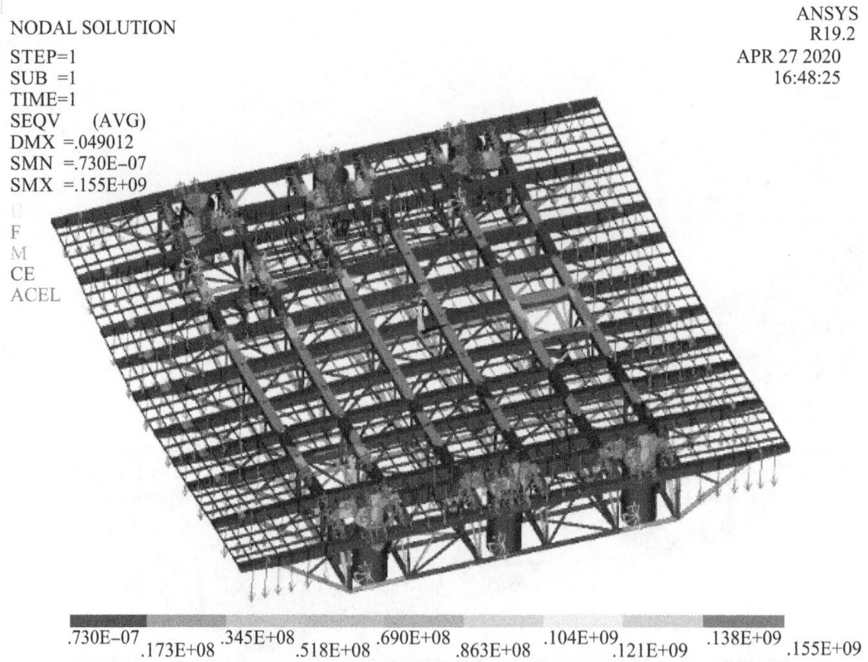

NODAL SOLUTION
STEP=1
SUB =1
TIME=1
SEQV   (AVG)
DMX =.049012
SMN =.730E−07
SMX =.155E+09

ANSYS
R19.2
APR 27 2020
16:48:25

| .730E−07 | .173E+08 | .345E+08 | .518E+08 | .690E+08 | .863E+08 | .104E+09 | .121E+09 | .138E+09 | .155E+09 |

图4-27   工况二综合应力云图(单位:Pa)

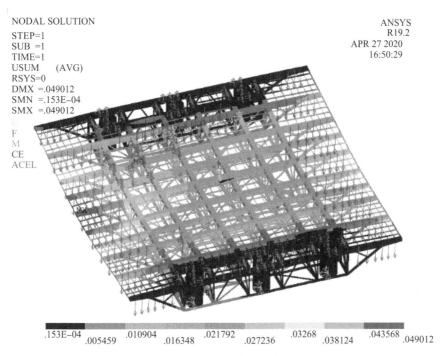

NODAL SOLUTION

STEP=1
SUB =1
TIME=1
USUM (AVG)
RSYS=0
DMX =.049012
SMN =.153E-04
SMX =.049012

ANSYS
R19.2
APR 27 2020
16:50:29

.153E-04 .005459 .010904 .016348 .021792 .027236 .03268 .038124 .043568 .049012

图4-28 工况二综合位移云图(单位:m)

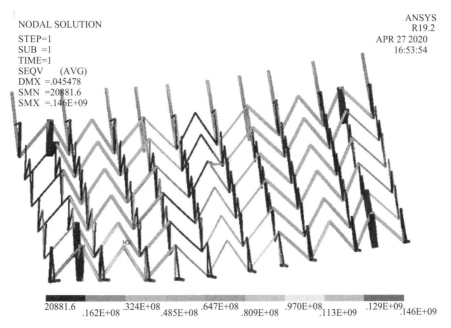

NODAL SOLUTION

STEP=1
SUB =1
TIME=1
SEQV (AVG)
DMX =.045478
SMN =20881.6
SMX =.146E+09

ANSYS
R19.2
APR 27 2020
16:53:54

20881.6 .162E+08 .324E+08 .485E+08 .647E+08 .809E+08 .970E+08 .113E+09 .129E+09 .146E+09

图4-29 工况二中部桁架支管应力云图(单位:Pa)

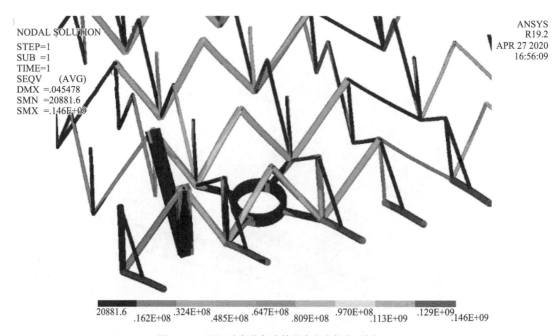

图 4-30　工况二中部桁架支管最大应力部位(单位:Pa)

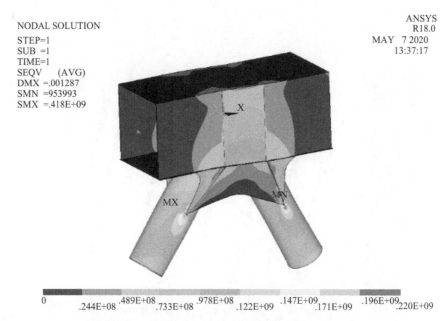

图 4-31　工况二节点 2 综合应力云图(1)(单位:Pa)

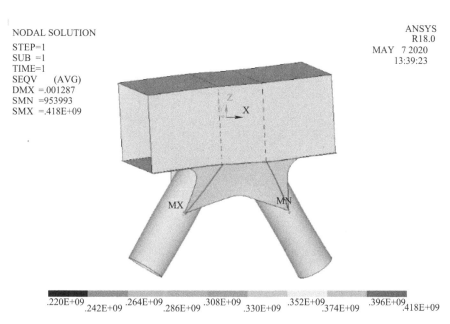

NODAL SOLUTION
STEP=1
SUB =1
TIME=1
SEQV (AVG)
DMX =.001287
SMN =953993
SMX =.418E+09

ANSYS
R18.0
MAY 7 2020
13:39:23

```
.220E+09   .264E+09   .308E+09   .352E+09   .396E+09
    .242E+09   .286E+09   .330E+09   .374E+09   .418E+09
```

图4-32 工况二节点2综合应力云图(2)(单位:Pa)

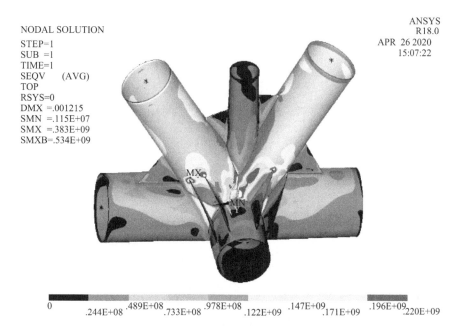

NODAL SOLUTION
STEP=1
SUB =1
TIME=1
SEQV (AVG)
TOP
RSYS=0
DMX =.001215
SMN =.115E+07
SMX =.383E+09
SMXB=.534E+09

ANSYS
R18.0
APR 26 2020
15:07:22

```
0        .489E+08   .978E+08   .147E+09   .196E+09
    .244E+08   .733E+08   .122E+09   .171E+09   .220E+09
```

图4-33 工况二节点14综合应力云图(1)(单位:Pa)

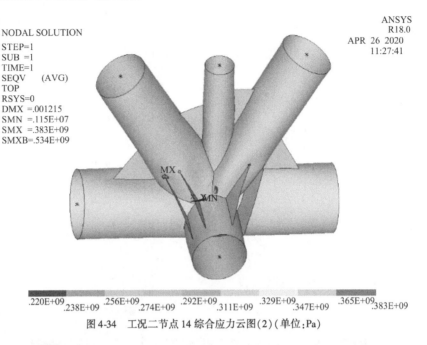

.220E+09 .238E+09 .256E+09 .274E+09 .292E+09 .311E+09 .329E+09 .347E+09 .365E+09 .383E+09

图 4-34　工况二节点 14 综合应力云图(2)(单位:Pa)

4.3.3　工况三

　　施工平台由牛腿支撑,平台两定位桩侧各堆载 300t 材料,旋挖钻和履带式起重机均位于平台一侧,履带式起重机顺纵梁方向吊装,综合应力云图及综合位移云图(甲板未显示)分别如图 4-35、图 4-36 所示,中部桁架支管应力云图如图 4-37、图 4-38 所示。

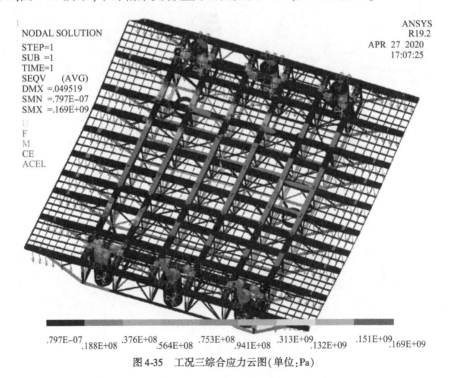

.797E-07 .188E+08 .376E+08 .564E+08 .753E+08 .941E+08 .313E+09 .132E+09 .151E+09 .169E+09

图 4-35　工况三综合应力云图(单位:Pa)

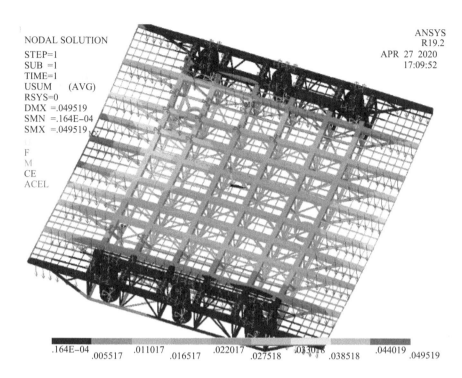

图 4-36　工况三综合位移云图(单位:m)

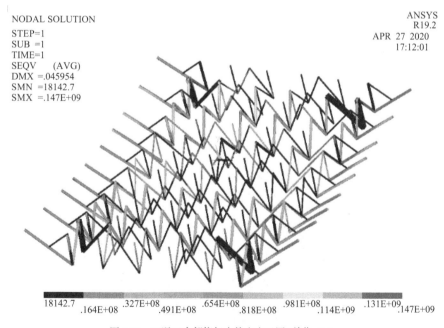

图 4-37　工况三中部桁架支管应力云图(单位:Pa)

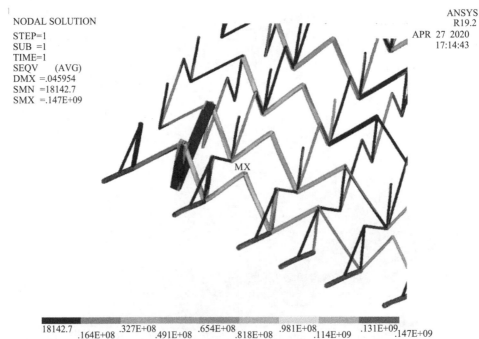

图 4-38　工况三中部桁架支管最大应力部位(单位:Pa)

4.3.4　工况四

施工平台由牛腿支撑,平台两侧各堆载 300t 材料,旋挖钻位于单桩侧,履带式起重机顺纵梁方向吊装。综合应力云图及综合位移云图(甲板未显示)分别如图 4-39、图 4-40 所示,中部桁架支管应力云图如图 4-41、图 4-42 所示。

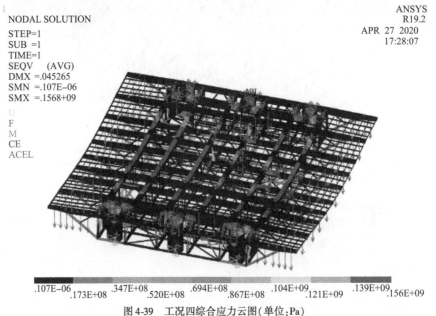

图 4-39　工况四综合应力云图(单位:Pa)

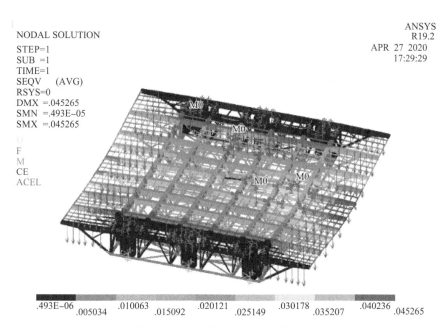

图4-40　工况四综合位移云图(单位:m)

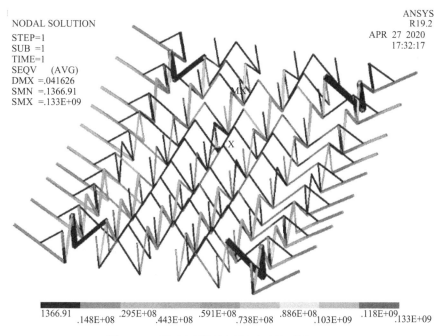

图4-41　工况四中部桁架支管应力云图(单位:Pa)

图 4-42　工况四中部桁架支管最大应力部位(单位:Pa)

4.4　极端工况过程仿真分析

所有施工机具均固定于施工平台上,原地防台风工况(风速 55m/s,流速 2m/s)条件下,施工平台主要荷载及加载方式:

(1)结构自重,通过系统重力加速度加载;

(2)工程桩上部导向装置自重,通过对应位置质量点施加;

(3)旋挖钻自重、旋挖钻扭矩、履带式起重机自重,通过对应位置质量点施加;

(4)平台上施工物资重量,通过在平台两侧选取节点均匀施加,每侧各施加 3000kN 作用力;

(5)工程桩填料重量,通过在平台靠近临时装两端选取节点,各施加 2500kN 作用力;

(6)台风荷载。

上部平台荷载合计 15400kN。

台风及水流荷载通过节点施加。台风及水流沿 X 方向时,综合应力云图及位移云图如图 4-43 ~ 图 4-50 所示。

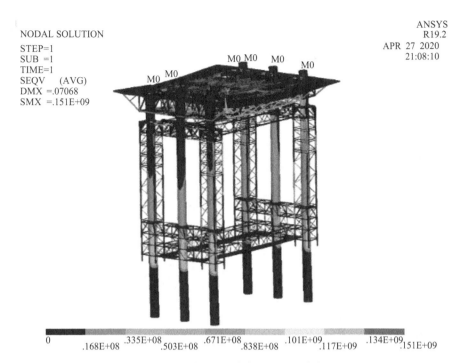

图4-43　施工平台 X 方向综合应力云图(单位:Pa)

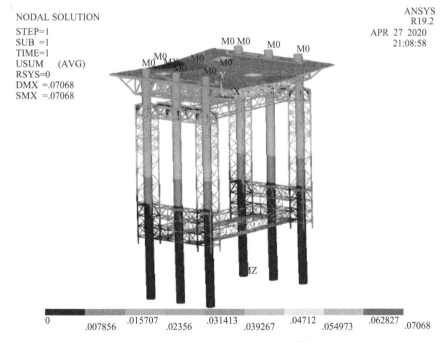

图4-44　施工平台 X 方向综合位移云图(单位:m)

图 4-45　施工平台 X 方向最大应力点(单位:Pa)

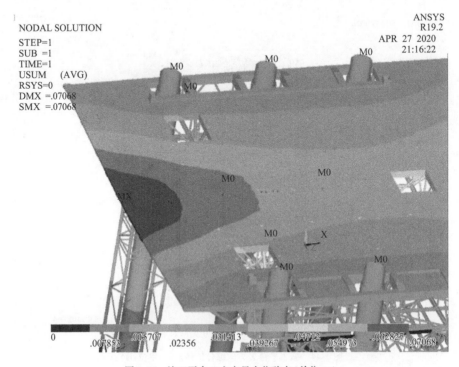

图 4-46　施工平台 X 方向最大位移点(单位:m)

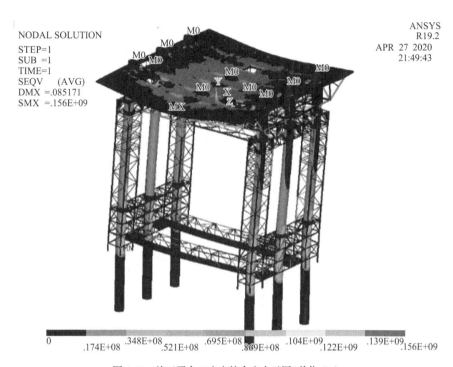

图 4-47 施工平台 Z 方向综合应力云图（单位：Pa）

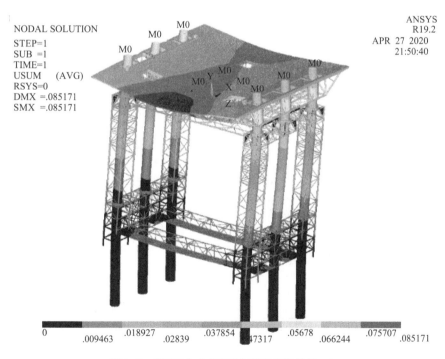

图 4-48 施工平台 Z 方向综合位移云图（单位：m）

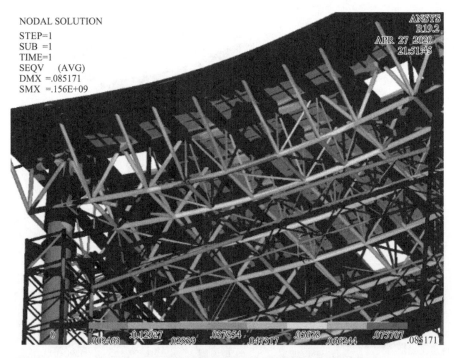

图4-49 施工平台 Z 方向综合应力云图(细节图,单位:Pa)

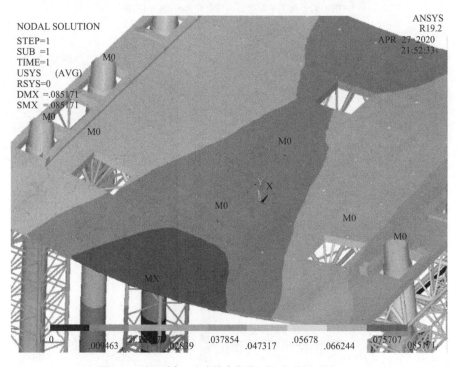

图4-50 施工平台 Z 方向综合位移云图(细节图,单位:m)

4.5　仿真分析结论

通过使用 ANSYS 有限元分析软件对平台吊装及施工过程进行分析,嵌岩稳桩平台结构及节点应力均小于材料的许用应力。在嵌岩施工过程中,部分节点应力超过 230MPa,但应力集中范围极小,可以忽略不计。

4.5.1　应力计算结果分析

由前文各工况嵌岩稳桩平台综合应力云图得出各工况结构应力如表 4-2 所示。临时桩导向架自持及嵌岩施工过程中,应力均小于材料许用应力。但导向架和施工平台吊装过程中,最大应力超过 200MPa,发生位置均处在吊点处杆件。

各工况结构应力计算结果　　　　　　　　　　表 4-2

序号	工况	最大应力(MPa)		材料	材料许用应力(MPa)
		应力	位置		
1	导向架自持(工况一)	53.6	下部节段横联桁架跨中主管	Q345B	250
2	导向架自持(工况二)	51.5	下部节段横联桁架跨中主管	Q345B	250
3	导向架整体吊装	225	吊点连接梁斜撑管	Q345B	250
4	施工平台整体吊装	229	吊点连接梁附近的斜支管处	Q345B	250
5	嵌岩施工(工况一)	163	吊点连接梁处斜支管	Q345B	250
6	嵌岩施工(工况二)	155	旋挖钻施工位置斜支管	Q345B	250
7	嵌岩施工(工况三)	169	旋挖钻施工位置斜支管	Q345B	250
8	嵌岩施工(工况四)	156	履带式起重机站位处	Q345B	250
9	极端工况(X向)	151	工程桩施工平台旋挖钻固定位置下部 $\phi500$ 主管	Q345B	250
10	极端工况(Z向)	156	工程桩施工平台旋挖钻固定位置下部 $\phi500$ 主管	Q345B	250

4.5.2　位移计算结果分析

由前文各工况嵌岩稳桩平台综合位移云图得出各工况结构位移,如表 4-3 所示。

各工况结构位移计算结果　　　　　　表 4-3

序号	工况	最大位移(mm)		材料
		位移	位置	
1	导向架自持 (工况一)	12	下部节段横联桁架跨中主管	Q345B
2	导向架自持 (工况二)	11	下部节段横联桁架跨中主管	Q345B
3	导向架整体吊装	52	吊点连接梁斜撑管	Q345B
4	施工平台整体吊装	61	吊点连接梁附近的斜支管处	Q345B
5	嵌岩施工 (工况一)	53	吊点连接梁处斜支管	Q345B
6	嵌岩施工 (工况二)	49	旋挖钻施工位置斜支管	Q345B
7	嵌岩施工 (工况三)	49.5	旋挖钻施工位置斜支管	Q345B
8	嵌岩施工 (工况四)	45	履带式起重机站位处	Q345B
9	极端工况(X 向)	70	工程桩施工平台悬挑段中间位置	Q345B
10	极端工况(Z 向)	85	工程桩施工平台悬挑段中间位置	Q345B

(1)在导向架自持工况下,最大位移为 11~12mm,变形量较小,属于弹性变形,满足《海上移动平台入级规范》(CCS 2016)中静力刚度的要求。

(2)在导向架及施工平台吊装工况中,导向架最大位移发生在吊点连接梁斜撑管中,为 52mm;施工平台最大位移同样发生在吊点连接梁斜撑管处,为 61mm;变形量相对较小,属于弹性变形,满足《海上移动平台入级规范》(CCS 2016)中静力刚度的要求,且吊装工况发生频率较低,满足安全施工的要求。

(3)在嵌岩施工工况中,工程桩施工平台最大位移为 40~50mm,发生位置与旋挖钻及履带式起重机站位有关,但变形量相对较小,属于弹性变形,满足《海上移动平台入级规范》(CCS 2016)中静力刚度的要求。

(4)在嵌岩稳桩平台台风自存工况下,最大位移发生在工程桩施工平台悬挑段,为 85mm;虽然变形量较其他工况明显加大,仍然剩余弹性变形节段,且该工况发生概率相对较低。

第5章

船舶作业安全性能评估

5.1 频域水动力分析

频域线性势流理论被广泛用于研究结构与波浪的相互作用问题,其精度已被大量模型试验验证,目前已成为船舶与海工程领域的重要水动力分析手段。

有限元直接计算法是船舶与海洋工程结构强度分析中合理和可靠的方法之一。ANSYS作为船舶与海洋工程行业专业仿真软件,可用于计算各种浮式结构的水动力特性和相关运动分析,被挪威-德国船级社(Det Norske Veritas-Germanischer Lloyd,DNV-GL)、英国劳氏船级社(Lloyds Register of Shipping,LR)、中国船级社(China Classification Society,CCS)和美国船级社(American Bureau of Shipping,ABS)等船级社作为分析和验证的标准程序,广泛应用于各种海洋工程作业的分析,如海上拖航、导管架下水、海洋平台上部结构浮托安装、浮体系泊分析及其他海洋工程作业。

ANSYS-AQWA作为一个集成模块,主要由AQWA-LINE、AQWA-LIBRIUM和AQWA-FER等模块构成。其中AQWA-LINE用于计算浮体结构在规则波中的水动力响应以及由波浪辐射/衍射引起的任意形状的浮体结构周围的波浪力(包括一阶波浪力、二阶波浪力)。AQWA-LINE基于频域线性势流理论,使用典型的格林函数方法求解浮体结构的波浪力,同时可求得的浮体的附加质量系数、辐射阻尼系数及浮体六个自由度方向上的运动。

5.1.1 频域水动力分析

海洋结构的水动力荷载主要由波浪中水质点的运动、结构的运动以及波浪与结构的相互作用引起,海洋结构设计人员和工程师通常关心海洋结构的三种水动力荷载:拖曳荷载(黏性阻力)、波浪激振荷载和惯性荷载。

拖曳荷载由水的黏性引起的,与流体与结构表面相对速度的平方成正比。当结构构件较细且波幅较大时,它们的作用尤为重要。在小振幅波中,波浪一阶激振荷载由一阶入射波力(Froude-Krylov)和由于结构物存在产生的扰动波引起的衍射力组成。波浪惯性荷载或辐射荷载则是由结构运动产生的扰动波引起的。

线性势流理论是求解波浪惯性荷载和波浪激振荷载的常用理论。ANSYS-AQWA 中的频域水动力计算基于线性势流理论,其包含如下假设:

(1)物体静止或有非常小的前进速度;

(2)流体是无黏不可压缩的,流体流动是无旋的;

(3)入射规则波列的振幅相对于其波长来说较小(微幅波);

(4)运动是一阶的,因此振幅必须很小,所有的浮体运动都是简谐运动。

1)船舶的抛锚状态(可视为 0 航速状态)计算

浮体周围的流体流场速度势可定义为:

$$\Phi(\vec{X}, t) = a_w \varphi(\vec{X}) e^{-i\omega t} \tag{5-1}$$

式中:　　a_w——入射波波幅;

　　　　ω——波浪频率;

$\vec{X} = (x, y, z)$——流场中任意一点的空间位置坐标。

基于线性势流理论假设,可以用线性叠加原理来表示流体域中的速度势。波浪速度势可分解为入射波浪势φ_I、衍射波浪势φ_D和辐射波浪势φ_R:

$$\varphi(\vec{X}) e^{-i\omega t} = [\varphi_I + \varphi_D + \varphi_R] e^{-i\omega t} \tag{5-2}$$

当波浪速度势已知时,利用线性伯努利方程可计算一阶水动力压力:

$$p^{(1)} = -\rho \frac{\partial \Phi(\vec{X}, t)}{\partial t} = i\omega\rho \varphi(\vec{X}) e^{-i\omega t} \tag{5-3}$$

从压力分布出发,通过对物体湿表面的压力积分,可以计算各种流体力:

$$F_j e^{-i\omega t} = -\int_{S_0} p^{(1)} n_j dS = \left[-i\omega\rho \int_{S_0} \varphi(\vec{X}) n_j dS \right] e^{-i\omega t} \tag{5-4}$$

式中:S_0——平均湿表面面积。

由方程(5-2),总的一阶波浪力可表示为:

$$F_j = [F_{Ij} + F_{Dj} + F_{Rj}] \tag{5-5}$$

式中,$j = 1, 2, \cdots, 6$。

j方向上由于入射波产生的波浪力,即 Froude-Krylov 力,具有如下表达式:

$$F_{Ij} = -i\omega\rho \int_{S_0} \varphi_I(\vec{X}) n_j dS \tag{5-6}$$

j方向上由于衍射波产生的衍射力为:

$$F_{dj} = -i\omega\rho \int_{S_0} \varphi_d(\vec{X}) n_j dS \tag{5-7}$$

j方向上由k方向上单位振幅运动产生的振幅波引起的辐射力为:

$$F_{Rjk} = -i\omega\rho \int_{S_0} \varphi_{Rk}(\vec{X}) n_j dS \tag{5-8}$$

式中,辐射波势φ_{Rk}可由实部和虚部表示为:

$$F_{Rjk} = -i\omega\rho \int_{S_0} \{ \mathrm{Re}[\varphi_{Rk}(\vec{X})] + i\mathrm{Im}[\varphi_{Rk}\vec{X}] \} n_j \mathrm{d}S$$

$$= \omega\rho \int_{S_0} \mathrm{Im}[\varphi_{Rk}(\vec{X})] n_j \mathrm{d}S - i\omega\rho \int_{S_0} \mathrm{Re}[\varphi_{Rk}(\vec{X})] n_j \mathrm{d}S \tag{5-9}$$

$$= \omega^2 A_{jk} + i\omega B_{jk}$$

式中,附加质量 A_{jk} 和附加阻尼 B_{jk} 可分别表示为:

$$A_{jk} = \frac{\rho}{\omega} \int_{S_0} \mathrm{Im}[\varphi_{Rk}(\vec{X})] n_j \mathrm{d}S \tag{5-10a}$$

$$B_{jk} = -\rho \int_{S_0} \mathrm{Re}[\varphi_{Rk}(\vec{X})] n_j \mathrm{d}S \tag{5-10b}$$

2) 运动相应幅值(RAO)计算

基于规则波和浮体简谐运动假设,无航速浮体的频域运动方程可表达为:

$$\{ -\omega^2 [M + A(\omega)] - i\omega B(\omega) + C \} \widetilde{X} = \widetilde{F} \tag{5-11}$$

式中: M——浮体刚体质量矩阵;

$A(\omega)$、$B(\omega)$——分别为附加质量矩阵和附加阻尼矩阵;

C——静水力刚度矩阵;

$\widetilde{F}$——复数形式的一阶波浪激振力;

$\widetilde{X}$——复数形式的运动响应幅值。

通过求解式(5-11),ANSYS-AQWA 中可得到浮体重心位置处的运动响应,同时只要给定结构重心和从重心到某一位置的矢量,ANSYS-AQWA 可以计算结构的任意一点的 RAO。在第 m 个结构上的点 $P(x_{pm}, y_{pm}, z_{pm})^T$ 的 RAO 可用以下关系式求得:

$$(x_{pm}, y_{pm}, z_{pm})^T = T \cdot \widetilde{X} \tag{5-12}$$

$$T = \begin{bmatrix} 1 & 0 & 0 & 0 & 0 & 0 \\ 0 & 1 & 0 & 0 & 0 & 0 \\ 0 & 0 & 1 & 0 & 0 & 0 \\ 0 & 0 & 0 & 0 & (Z_{pm} - Z_{gm}) & -(Y_{pm} - Y_{gm}) \\ 0 & 0 & 0 & -(Z_{pm} - Z_{gm}) & 0 & -(X_{pm} - X_{gm}) \\ 0 & 0 & 0 & (Y_{pm} - Y_{gm}) & -(X_{pm} - X_{gm}) & 0 \end{bmatrix} \tag{5-13}$$

式中,重心 (X_{pm}, Y_{pm}, Z_{pm}) 和所求点 P 之间的转置矩阵 T,在计算横摇 RAO 时,由于线性势流理论无法准确预报船体的横摇阻尼系数,将会导致其幅值被错误地预估较大,因此,需要我们在 ANSYS-AQWA 中手动添加黏性横摇附加阻尼,其取值参照 Tromans 提出的经验公式:

$$B_{44} = \frac{0.5 C_d (b_c \times L_{pp} + n \times A_k) \times (6.5 + V_p) \times (T_d + B) \times \rho \times H_s}{0.17 + \dfrac{T_d}{B}} \tag{5-14}$$

5.1.2 坐标系及浪向定义

在 ANSYS-AQWA 中,为描述浮体运动,通常需要考虑两个坐标系统即全局坐标系和局部坐标系,如图 5-1 所示。$OXYZ$ 为全局坐标系,为右手轴系统,其原点为平均自由水面上,Z 轴垂直向上;$GXYZ$ 为局部坐标系,其坐标原点为物体的重心位置(对于刚体运动的描述,采用刚体重心作为动态参考点更为方便),坐标轴平行于全局坐标系坐标轴。

在 ANSYS-AQWA 中波浪、流和风的方向在 OXY 平面上确定,角度以从 X 轴逆时针旋转为正,如图 5-2 所示。

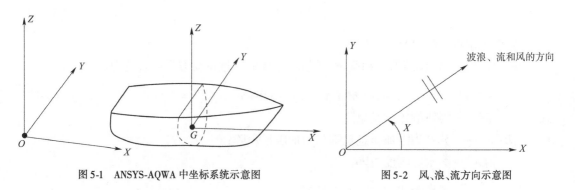

图 5-1 ANSYS-AQWA 中坐标系统示意图 　　　　　图 5-2 风、浪、流方向示意图

5.1.3 时域分析方法

在后续分析过程中,基于线性假设的频域模型不能求解非线性问题,通常采用结合时域模型和频域模型的混合模型方法来分析浮体在非线性因素作用下的时域运动响应。混合模型的计算过程为:

(1)通过频域水动力分析得到浮体的水动力系数(附加质量系数、附加阻尼系数)和一阶波浪力、二阶波浪力。

(2)基于频域水动力系数,通过余弦变换得到时域模型的脉冲响应函数,并建立基于 Cummins 方程的时域模型。

(3)将非线性荷载作为外力加入 Cummins 方程,可通过龙格库塔数值积分法对运动微分方程进行求解。

无航速浮体时域运动方程可表达为:

$$[M+A(\infty)]\ddot{x}(t) + \int_0^t K(t-\tau)\dot{x}(\tau)\mathrm{d}\tau + Cx(t) = f^{\mathrm{wav}}(t) + f^{\mathrm{exc}}(t) \qquad (5\text{-}15)$$

式中:$A(\infty)$——浮体无穷大频率附加质量矩阵;

　　　　K——脉冲响应函数(RF),卷积积分表示流体记忆效应;

　　　　$f^{\mathrm{wav}}(t)$——波浪力(包括一阶波浪力和二阶波浪力);

　　　　$f^{\mathrm{exc}}(t)$——非线性外荷载。

1)脉冲响应函数计算

时域方程中的脉冲响应函数可通过浮体在频域中计算得到的附加阻尼系数进行余弦变换得到,即:

$$K(t) = \frac{2}{\pi} \int_0^\infty B(\omega)\cos(\omega t)\,d\omega \tag{5-16}$$

当频率趋于正无穷大时,$B(\omega)$趋近于0,因此在数值计算中通常引入一个频率上限(n),当频率超过该上限时,阻尼系数可忽略不计。在数值计算中,由于受到计算机内存的限制,实际计算中最大频率(S)可能会低于n。在这种情况下,频率S-n之间的阻尼系数可通过外插法得到,公式如下:

$$K(t) = \frac{2}{\pi} \int_0^S B(\omega)\cos(\omega t)\,d\omega + \frac{2}{\pi} \int_S^n B_a(\omega)\cos(\omega t)\,d\omega \tag{5-17}$$

式中:$B_a(\omega)$——在高频率范围(S-n)对$B(\omega)$的近似。

值得注意的是,对于有航速的情况,浮体在无穷大频率处的附加阻尼系数不为0。

2)外荷载计算

流荷载计算:

$$F_D = \frac{1}{2} C_d \rho V^2 A \tag{5-18}$$

式中:F_D——流荷载,N;

ρ——水密度,kg/m³,取1025kg/m³;

V——拖航速度或相对流速,m/s;

C_d——流荷载系数,横流取2.83,纵流取1.61。

风荷载计算公式:

$$F_{WD} = 0.613 \times 10^{-3} \times V_W^2 A C_f \tag{5-19}$$

式中:F_{WD}——风力,N;

V_W——1 min平均风速,m/s;

A——浮体吃水线以上迎风面积,m²;

C_f——风载系数。

5.2 施工船舶水动力分析

5.2.1 "华西900"频域水动力计算

1)模型参数

"华西900"建模参数及水动力模型如表5-1所示,作业水深为26.00m。

"华西900"建模参数及水动力模型   表5-1

项目	数值	水动力模型
船长 L(m)	134.80	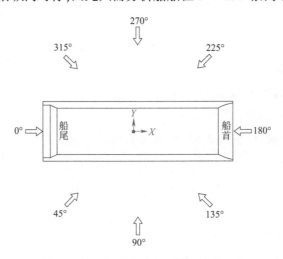
型宽 B(m)	41.00	
型高 D(m)	10.30	
作业吃水 d(m)	6.10	
排水量(t)	20787	
LCG(m)	-2.231	
TCG(m)	0.126	
VCG(m)	9.871	
作业水深 h(m)	26.00	

图5-3所示为"华西900"在ANSYS-AQWA中的三维模型图水动力计算的波浪方向定义。由于"华西900"沿纵向对称,因此只需分析船舶在0°~180°浪向下的水动力特性。

图5-3 "华西900"水动力计算波浪方向定义

2)分析工况设置

分析在-180°~180°之间每间隔45°所选取的八种浪向情况。分析频率取频率范围0.05~2.4rad/s,选取频率间隔为0.05rad/s,共48组。经初步计算,此范围已涵盖RAO峰值。

3)频域计算结果分析

纵荡、横荡和垂荡表中,中灰色标注为0~0.2mm的响应,浅灰色标注为0.2~0.5mm响应,黄色标注为0.5~1mm响应,深灰色标注为大于1mm的响应;横摇、纵摇和艏摇表中,加色标注为峰值响应。选取周期4~20s(3.93~20.94s)。

"华西 900"纵荡、横荡、垂荡 RAO 详细数据见表 5-2 ~ 表 5-4。

"华西 900"纵荡 RAO 详细数据   表 5-2

周期(s)	频率(rad/s)	0°	45°	90°	135°	180°
3.93	1.6	0.016537	0.000884	0.00158	0.00224	0.0247
4.05	1.55	0.0184	0.00169	0.00191	0.00159	0.027
4.19	1.5	0.0192	0.00256	0.00214	0.00161	0.0289
4.33	1.45	0.021	0.00107	0.00221	0.00415	0.0321
4.49	1.4	0.0235	0.00399	0.00212	0.00823	0.0347
4.65	1.35	0.0242	0.00849	0.00189	0.011983	0.0375
4.83	1.3	0.0261	0.011495	0.00156	0.0141	0.042219
5.03	1.25	0.0294	0.0125	0.00114	0.0155	0.0467
5.24	1.2	0.0307	0.0111	0.000616	0.0178	0.049691
5.46	1.15	0.0296	0.00789	0.000409	0.0227	0.0529
5.71	1.1	0.0305	0.0102	0.00111	0.0318	0.0586
5.98	1.05	0.0352	0.0218	0.00199	0.0431	0.0639
6.28	1	0.034113	0.0335	0.00287	0.0516	0.0622
6.61	0.95	0.0205	0.0376	0.00361	0.0498	0.0526
6.98	0.9	0.0258	0.034	0.00406	0.0315	0.053
7.39	0.85	0.0534	0.0483	0.00414	0.0206	0.0713
7.85	0.8	0.0651	0.0921	0.00385	0.0684	0.0812
8.38	0.75	0.0459	0.151068	0.00323	0.130946	0.0629
8.98	0.7	0.0304	0.218648	0.00242	0.201488	0.027887
9.67	0.65	0.127921	0.290571	0.00166	0.277202	0.113761
10.47	0.6	0.259483	0.362424	0.00108	0.353522	0.247846
11.42	0.55	0.401222	0.430763	0.00072	0.425932	0.393983
12.57	0.5	0.538248	0.493607	0.000533	0.491507	0.534781
13.96	0.45	0.661467	0.549223	0.000415	0.54849	0.660168
15.71	0.4	0.765247	0.595921	0.000319	0.595712	0.764851
17.95	0.35	0.84681	0.63278	0.000236	0.63273	0.846706
20.94	0.3	0.906506	0.660113	0.000168	0.660104	0.906482

注:纵荡 RAO 单位为 m/m。

"华西 900"横荡 RAO 详细数据   表 5-3

周期(s)	频率(rad/s)	0°	45°	90°	135°	180°
3.93	1.6	0.00000796	0.0032	0.087	0.00277	0.0000159
4.05	1.55	0.00000363	0.00632	0.094884	0.00586	0.00000644
4.19	1.5	0.00000997	0.00645	0.103939	0.00602	0.0000134
4.33	1.45	0.00000791	0.00234	0.114252	0.00231	0.0000156
4.49	1.4	0.00000759	0.00552	0.126237	0.00628	0.0000117
4.65	1.35	0.00000602	0.0129	0.140053	0.0135	0.000014
4.83	1.3	0.00000725	0.0175	0.154694	0.0178	0.0000103
5.03	1.25	0.00000914	0.0163	0.168356	0.016362	0.0000141
5.24	1.2	0.00000469	0.00758	0.183465	0.0075	0.0000157
5.46	1.15	0.00000288	0.00785	0.200798	0.00839	0.00002
5.71	1.1	0.0000067	0.0268	0.220114	0.0279	0.0000279
5.98	1.05	0.0000103	0.0435	0.242814	0.0455	0.0000273
6.28	1	0.0000109	0.053538	0.269106	0.0563	0.0000221
6.61	0.95	0.00000814	0.0534	0.297215	0.056678	0.0000226
6.98	0.9	0.00000244	0.04	0.326353	0.0435	0.0000288
7.39	0.85	0.00000578	0.0132	0.357038	0.016073	0.0000318
7.85	0.8	0.0000104	0.029	0.387128	0.0274	0.0000278
8.38	0.75	0.0000104	0.0792	0.405846	0.0794	0.0000201
8.98	0.7	0.00000982	0.126733	0.364516	0.129801	0.0000149
9.67	0.65	0.0000594	0.225642	0.594578	0.180453	0.0000514
10.47	0.6	0.0000161	0.352761	0.804602	0.347452	0.0000178
11.42	0.55	0.0000135	0.407785	0.788301	0.406056	0.0000154
12.57	0.5	0.0000152	0.468915	0.813283	0.468317	0.0000167
13.96	0.45	0.000016	0.525836	0.847198	0.525652	0.0000169
15.71	0.4	0.0000149	0.575072	0.881073	0.575026	0.0000154
17.95	0.35	0.0000129	0.615199	0.911397	0.615191	0.0000131
20.94	0.3	0.00000973	0.646199	0.936919	0.6462	0.00000964

注:横荡 RAO 单位为 m/m。

"华西 900"垂荡 RAO 详细数据   表 5-4

周期(s)	频率(rad/s)	0°	45°	90°	135°	180°
3.93	1.6	0.0154	0.00189	0.046824	0.00152	0.00738
4.05	1.55	0.0176	0.00411	0.0546	0.00275	0.0087
4.19	1.5	0.019253	0.00468	0.0634	0.00279	0.0103

续上表

周期(s)	频率(rad/s)	0°	45°	90°	135°	180°
4.33	1.45	0.0223	0.00432	0.0734	0.0025	0.0129
4.49	1.4	0.0262	0.00835	0.0853	0.00595	0.015742
4.65	1.35	0.0287	0.015722	0.099671	0.0114	0.0184
4.83	1.3	0.0332	0.02244	0.117114	0.016	0.023431
5.03	1.25	0.0408	0.0248	0.139023	0.016544	0.0297
5.24	1.2	0.0455	0.023	0.167106	0.017224	0.0343
5.46	1.15	0.0494	0.0294	0.203401	0.0299	0.0416
5.71	1.1	0.061	0.0513	0.250674	0.0514	0.054568
5.98	1.05	0.0761	0.080115	0.312063	0.07584	0.0682
6.28	1	0.084	0.106058	0.391295	0.0966	0.0784
6.61	0.95	0.0869	0.118732	0.490742	0.107841	0.0919
6.98	0.9	0.105544	0.108301	0.607473	0.107869	0.120406
7.39	0.85	0.145917	0.080724	0.731203	0.113235	0.160291
7.85	0.8	0.178214	0.110334	0.84442	0.161819	0.190275
8.38	0.75	0.175241	0.212366	0.92857	0.252609	0.192946
8.98	0.7	0.142019	0.332203	0.976866	0.359565	0.177084
9.67	0.65	0.145707	0.451352	0.997228	0.468559	0.190938
10.47	0.6	0.249761	0.565859	1.002864	0.575688	0.278817
11.42	0.55	0.404433	0.673387	1.002151	0.678308	0.418469
12.57	0.5	0.565543	0.76896	1.000083	0.771034	0.57127
13.96	0.45	0.706491	0.846645	0.998505	0.847364	0.708447
15.71	0.4	0.815039	0.904251	0.997911	0.904449	0.815591
17.95	0.35	0.891285	0.943944	0.998079	0.943985	0.891413
20.94	0.3	0.941177	0.969704	0.998628	0.969709	0.941202

注:垂荡 RAO 单位为 m/m。

"华西 900"横摇、纵摇、艏摇 RAO 详细数据见表 5-5 ~ 表 5-7。

"华西 900"横摇 RAO 详细数据

表 5-5

周期(s)	频率(rad/s)	0°	45°	90°	135°	180°
3.93	1.6	0.000042	0.0294	0.0301	0.0111	0.0000281
4.05	1.55	0.0000348	0.039	0.036492	0.0145	0.00000626
4.19	1.5	0.0000415	0.0499	0.0443	0.025887	0.0000156
4.33	1.45	0.0000488	0.0577	0.0554	0.0364	0.0000136

续上表

周期(s)	频率(rad/s)	0°	45°	90°	135°	180°
4.49	1.4	0.0000528	0.0653	0.0726	0.0442	0.0000118
4.65	1.35	0.0000509	0.0771	0.0984	0.0482	0.0000131
4.83	1.3	0.0000816	0.0864	0.133973	0.0472	0.0000113
5.03	1.25	0.0000976	0.09	0.177479	0.0528	0.0000286
5.24	1.2	0.0000815	0.0994	0.232614	0.0774	0.0000299
5.46	1.15	0.0000665	0.118222	0.303233	0.103214	0.0000238
5.71	1.1	0.0000915	0.130122	0.392263	0.108019	0.0000267
5.98	1.05	0.000125	0.125105	0.502454	0.0838	0.0000303
6.28	1	0.000134	0.128088	0.644217	0.0671	0.0000181
6.61	0.95	0.000108	0.175453	0.834586	0.130249	0.0000188
6.98	0.9	0.0000859	0.254422	1.097089	0.224361	0.0000737
7.39	0.85	0.000146	0.321862	1.479868	0.300294	0.000137
7.85	0.8	0.000255	0.33282	2.102003	0.312988	0.000196
8.38	0.75	0.000388	0.23891	3.30651	0.190971	0.000258
8.98	0.7	0.000631	0.590388	6.640699	0.522392	0.000378
9.67	0.65	0.00242	5.478604	26.37108	5.364495	0.0013
10.47	0.6	0.000323	2.352347	7.202993	2.332441	0.00016
11.42	0.55	0.00011	1.543471	3.5882	1.537125	0.0000477
12.57	0.5	0.0000538	1.178878	2.292346	1.176636	0.0000236
13.96	0.45	0.0000308	0.925251	1.597736	0.924528	0.0000193
15.71	0.4	0.0000207	0.718801	1.146987	0.718591	0.0000163
17.95	0.35	0.0000129	0.542979	0.822884	0.542925	0.000012
20.94	0.3	0.0000147	0.393555	0.577385	0.393541	0.0000141

注:横摇 RAO 单位为°/m。

"华西 900"纵摇 RAO 详细数据　　　　　　　　　　　　表 5-6

周期(s)	频率(rad/s)	0°	45°	90°	135°	180°
3.93	1.6	0.0449	0.00771	0.00201	0.006	0.0141
4.05	1.55	0.050013	0.00199	0.00269	0.0029	0.0181
4.19	1.5	0.06	0.0142	0.00329	0.00894	0.0236
4.33	1.45	0.0673	0.0289	0.00381	0.0178	0.0284
4.49	1.4	0.0754	0.0374	0.00415	0.0232	0.0357
4.65	1.35	0.0936	0.0355	0.00423	0.0208	0.0486
4.83	1.3	0.109057	0.0377	0.00425	0.0214	0.0587

续上表

周期(s)	频率(rad/s)	0°	45°	90°	135°	180°
5.03	1.25	0.118303	0.0755	0.00429	0.0538	0.0693
5.24	1.2	0.145958	0.130661	0.00457	0.095449	0.095
5.46	1.15	0.184944	0.175936	0.00571	0.126024	0.123584
5.71	1.1	0.206805	0.196373	0.00809	0.138499	0.142725
5.98	1.05	0.223108	0.183215	0.0114	0.131603	0.169819
6.28	1	0.284546	0.175635	0.0151	0.150521	0.23489
6.61	0.95	0.38065	0.296127	0.0188	0.278164	0.319424
6.98	0.9	0.432813	0.520579	0.0216	0.482098	0.368945
7.39	0.85	0.402659	0.749642	0.0222	0.692934	0.360789
7.85	0.8	0.367246	0.92629	0.020126	0.863879	0.360239
8.38	0.75	0.473829	1.03867	0.0164	0.980632	0.477077
8.98	0.7	0.698012	1.092226	0.0122	1.044777	0.690141
9.67	0.65	0.919719	1.091636	0.00829	1.058115	0.902897
10.47	0.6	1.061481	1.043744	0.00524	1.023394	1.044155
11.42	0.55	1.101639	0.960154	0.00314	0.949861	1.089563
12.57	0.5	1.056764	0.853323	0.0018	0.849064	1.050642
13.96	0.45	0.953196	0.732639	0.000986	0.731225	0.950876
15.71	0.4	0.813888	0.605513	0.000529	0.605142	0.813217
17.95	0.35	0.657899	0.479082	0.000276	0.479006	0.65775
20.94	0.3	0.501171	0.36	0.000137	0.359989	0.501146

注:纵摇 RAO 单位为°/m。

"华西 900"艏摇 RAO 详细数据   表 5-7

周期(s)	频率(rad/s)	0°	45°	90°	135°	180°
3.93	1.6	0.0000315	0.0113	0.000808	0.0135	0.0000248
4.05	1.55	0.0000354	0.00766	0.000863	0.013	0.0000545
4.19	1.5	0.000013	0.0167	0.00127	0.0163	0.0000253
4.33	1.45	0.0000191	0.0281	0.00182	0.0224	0.000024
4.49	1.4	0.0000174	0.0299	0.00257	0.021	0.0000393
4.65	1.35	0.00000919	0.0178	0.00333	0.00818	0.0000282
4.83	1.3	0.0000092	0.00917	0.00398	0.0184	0.0000389
5.03	1.25	0.00000393	0.0448	0.00462	0.0508	0.0000388
5.24	1.2	0.0000135	0.0797	0.00508	0.0819	0.0000504
5.46	1.15	0.000026	0.098937	0.00518	0.0985	0.0000531

周期（s）	频率（rad/s）	0°	45°	90°	135°	180°
5.71	1.1	0.000029	0.0921	0.0052	0.0905	0.0000398
5.98	1.05	0.0000219	0.0561	0.00536	0.0547	0.0000388
6.28	1	0.0000203	0.00691	0.00542	0.0107	0.000053
6.61	0.95	0.0000311	0.0873	0.00517	0.0897	0.0000528
6.98	0.9	0.0000349	0.178415	0.00474	0.181753	0.0000372
7.39	0.85	0.000029	0.273586	0.00456	0.277722	0.0000233
7.85	0.8	0.0000174	0.36392	0.00489	0.368495	0.0000285
8.38	0.75	0.000002	0.441241	0.00581	0.44554	0.0000448
8.98	0.7	0.0000185	0.50223	0.00835	0.504583	0.0000606
9.67	0.65	0.0000377	0.541622	0.0293	0.545843	0.0000678
10.47	0.6	0.000047	0.5611	0.00313	0.56449	0.0000659
11.42	0.55	0.0000481	0.55476	0.00068	0.555951	0.0000579
12.57	0.5	0.0000408	0.521803	0.000228	0.522191	0.0000449
13.96	0.45	0.0000318	0.467065	0.000229	0.467177	0.0000332
15.71	0.4	0.0000221	0.397957	0.000215	0.397985	0.0000226
17.95	0.35	0.0000139	0.322291	0.000177	0.322296	0.000014
20.94	0.3	0.00000811	0.24678	0.000134	0.246779	0.00000836

注：艏摇 RAO 单位为°/m。

根据以上表格分析结果绘得曲线，如图 5-4 所示。

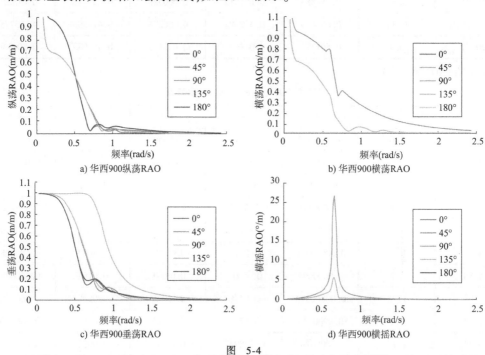

a) 华西900纵荡RAO　　　　　　　　　b) 华西900横荡RAO

c) 华西900垂荡RAO　　　　　　　　　d) 华西900横摇RAO

图 5-4

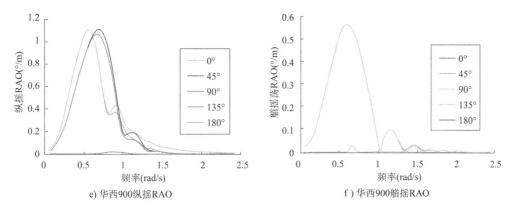

e) 华西900纵摇RAO 　　　　　　　f) 华西900艏摇RAO

图5-4　不同浪向下"华西900"六自由度运动频域响应分析结果

由图5-4可知:

(1)由于船体接近对称的箱形结构,"华西900"仅在顺浪与斜浪作用下产生明显的纵荡响应,而在横浪作用下则无明显响应,当波浪频率为0.8rad/s以上时,各波浪方向下纵荡响应小于0.05m/m。

(2)由于船体左右对称的形状,因此仅在斜浪与横浪作用下产生明显的横荡响应,在顺浪作用下则无明显响应。当横浪状况下,在波浪频率大于1.8rad/s时横荡响应将小于0.05m/m。

(3)在各方向波浪作用下都会产生一定的垂荡作用,其中相同频率的波浪中横浪作用时最大,而在波浪频率超过2rad/s时,其垂荡响应将小于0.05m/m。

(4)同样由于船体左右对称的形状,"华西900"在斜浪与横浪作用下会产生横摇响应,而顺浪作用下则无明显响应;当波浪频率为1.2rad/s以上时,各波浪方向下横摇响应小于0.05°/m。在未添加线性横摇附加阻尼时,由于线性势流理论无法准确预报船体的横摇阻尼系数,其峰值相当大,而在添加了线性横摇附加阻尼后,其幅值更接近真实情况下的横摇响应。在横浪作用下,在频率为0.65rad/s左右RAO达到峰值,约为26°/m。

(5)同样由于船体接近对称的箱形结构,其横浪作用下将不会出现明显的纵摇响应,但顺浪、斜浪作用下将会产生显著的纵摇响应,在频率0.6rad/s左右达到峰值,约为1.25°/m;当波浪频率为1.8rad/s以上时,各波浪方向下纵摇响应小于0.05°/m。

(6)由于船体接近对称的箱形结构,仅在斜浪作用下会产生明显的艏摇响应,同样在0.6rad/s下达到峰值0.6°/m,而在波浪频率达到1.5rad/s以上时,其艏摇响应将会小于0.05°/m。

在选择施工窗口时,应充分考虑以上频率计算结果,选取合适的施工时机,以保证工程安全、顺利进行。

为了给施工提供更为直观的参考,对"华西900"纵荡、横荡、垂荡不同运动范围对应的频率区间加以汇总,见表5-8~表5-10。

"华西900"纵荡不同运动范围对应的频率区间   表 5-8

运动范围(m/m)	波浪方向				
	0°	45°	90°	135°	180°
0 ~ 0.2	0.65 ~ 2.4	0.75 ~ 2.4	1.2 ~ 2.4	0.75 ~ 2.4	0.65 ~ 2.4
0.2 ~ 0.5	0.55 ~ 0.65	0.5 ~ 0.75	—	0.5 ~ 0.75	0.55 ~ 0.6
0.5 ~ 1.0	0.2 ~ 0.55	0.1 ~ 0.5	—	0.1 ~ 0.5	0.2 ~ 0.55
>1.0	0.05 ~ 0.2	0.05 ~ 0.1	—	0.05 ~ 0.1	0.05 ~ 0.2

注:频率单位为 rad/s。

"华西900"横荡不同运动范围对应的频率区间   表 5-9

运动范围(m/m)	波浪方向				
	0°	45°	90°	135°	180°
0 ~ 0.2	0.05 ~ 2.4	0.7 ~ 2.4	1.2 ~ 2.4	0.7 ~ 2.4	0.05 ~ 2.4
0.2 ~ 0.5	—	0.5 ~ 0.7	0.7 ~ 1.2	0.5 ~ 0.7	—
0.5 ~ 1.0	—	0.1 ~ 0.5	0.2 ~ 0.7	0.1 ~ 0.5	—
>1.0	—	0.05 ~ 0.1	0.05 ~ 0.2	0.05 ~ 0.1	—

注:频率单位为 rad/s。

"华西900"垂荡不同运动范围对应的频率区间   表 5-10

运动范围(m/m)	波浪方向				
	0°	45°	90°	135°	180°
0 ~ 0.2	0.65 ~ 2.4	0.8 ~ 2.4	1.2 ~ 2.4	0.8 ~ 2.4	0.65 ~ 2.4
0.2 ~ 0.5	0.55 ~ 0.65	0.65 ~ 0.8	0.95 ~ 1.2	0.65 ~ 0.8	0.55 ~ 0.65
0.5 ~ 1.0	0.04 ~ 0.45	0.05 ~ 0.55	0.05 ~ 0.65	0.05 ~ 0.55	0.65 ~ 0.95
>1.0	—	—	0.45 ~ 0.65	—	—

注:频率单位为 rad/s。

而对于横摇、纵摇、艏摇,给出具有显著响应的峰值,见表 5-11。

"华西900"横摇、纵摇、艏摇具有显著响应的峰值   表 5-11

项目参数	船舶转动方式					
	横摇		纵摇		艏摇	
最大响应波浪角度(°)	45/135	90	0/180	45/135	45	135

项目参数	船舶转动方式					
	横摇		纵摇		艏摇	
峰值波浪频率（rad/s）	0.65/0.65	0.65	0.55/0.55	0.65/0.65	0.6	0.6
峰值（°/m）	5.48/5.36	26.37	1.10/1.09	1.09/1.06	0.56	0.56

对于附加阻尼计算结果，在消除不规则频率的影响下，可见曲线较为光顺，说明计算结果是较为准确的。

对于附加质量计算结果，可以看见在频率较大时，各自由度附加质量曲线接近平缓，已较为趋近时域计算中 $A(\infty)$ 的取值。

4）时域验证

图 5-5、图 5-6 分别为根据频域（RAO）计算结果与时域计算结果所得的垂荡与纵摇方向上的位移对比，图中曲线高度重合，说明两种计算方法的结果高度一致，可得此前频域分析的结果具有可信度。

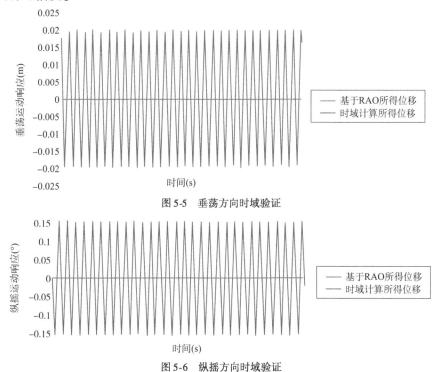

图 5-5　垂荡方向时域验证

图 5-6　纵摇方向时域验证

5.2.2　"长大海升""泛舟 6"频域水动力计算

1）模型参数

运输船"泛舟 6"建模参数及水动力模型如表 5-12 所示；起重船"长大海升"建模参数及

水动力模型如表5-13所示。

"泛舟6"建模参数及水动力模型 表5-12

项目	数值	水动力模型
总长 $L(m)$	168.53	
垂线间长(m)	162.61	
型宽 $B(m)$	30.00	
型高 $D(m)$	10.20	
作业吃水 $d(m)$	7.0	
排水量(t)	10723	
LCG(m)	3.982	
TCG(m)	0.00	
VCG(m)	7.883	
作业水深 $h(m)$	26.00	

"长大海升"建模参数及水动力模型 表5-13

项目	数值	水动力模型
总长 $L(m)$	110.00	
型宽 $B(m)$	48.00	
型高 $D(m)$	8.40	
作业吃水 $d(m)$	4.80	
排水量(t)	15731	
LCG(m)	1.52	
TCG(m)	0.00	
VCG(m)	20.00	
作业水深 $h(m)$	26.00	

2)分析工况设置

模型分析了在 $-180°\sim180°$ 之间海间隔45°所选取的八种浪向情况。分析频率取频率范围 $0.05\sim2.5$ rad/s,选取频率间隔为 0.05 rad/s,共50组。经初步计算,此范围已涵盖响应幅值算子(Response amplitude operators,RAOs)峰值。网格尺寸选择 1.9 m,满足精度要求。船舶布置如图5-7所示。

3)频域计算结果分析

ANSYS-AQWA频域分析主要基于三维势流理论和辐射/衍射理论,通过求解运动方程,得到不同自由度的附加质量 $A(\omega)$ 和附加阻尼 $B(\omega)$,进一步得到不同自由度的RAOs随波频的变化曲线。

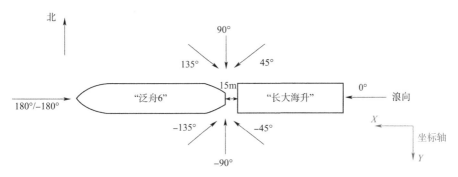

图 5-7　船舶布置图

（1）响应幅值算子（RAOs）结果分析

"长大海升""泛舟6"运动频率分析结果分别如图5-8、图5-9所示。

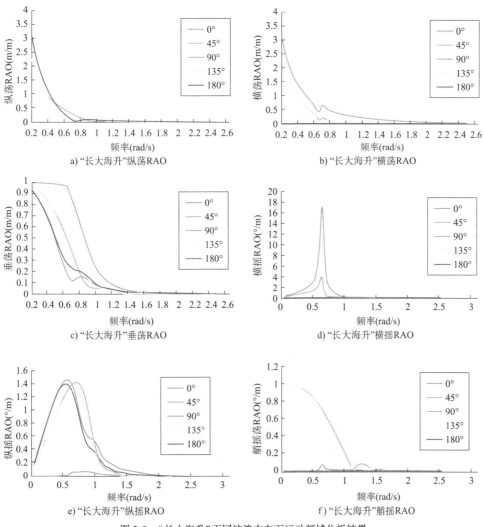

a）"长大海升"纵荡RAO

b）"长大海升"横荡RAO

c）"长大海升"垂荡RAO

d）"长大海升"横摇RAO

e）"长大海升"纵摇RAO

f）"长大海升"艏摇RAO

图 5-8　"长大海升"不同波浪方向下运动频域分析结果

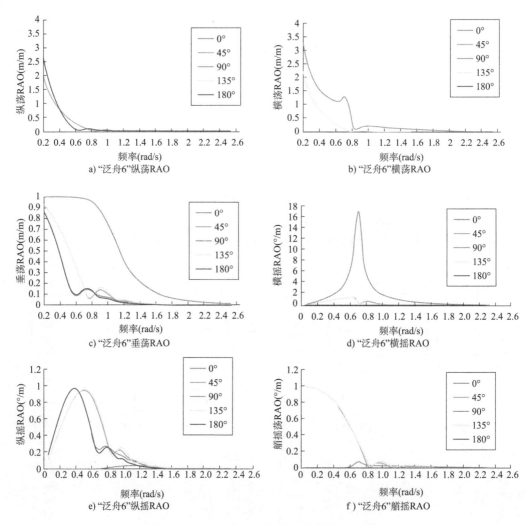

a) "泛舟6"纵荡RAO

b) "泛舟6"横荡RAO

c) "泛舟6"垂荡RAO

d) "泛舟6"横摇RAO

e) "泛舟6"纵摇RAO

f) "泛舟6"艏摇RAO

图5-9　"泛舟6"不同波浪方向下运动频域分析结果

由图5-8和图5-9可以看出，"长大海升"和"泛舟6"在顺浪和斜浪下会产生较大纵荡运动，顺浪下纵荡值最大，在横浪（90°）作用下纵荡值为零，各方向下的RAO最大值主要集中在低频区域。

船体在横浪和斜浪会产生较大的横荡运动，横浪造成最大横荡运动，从图中可以看出顺浪下船体横荡RAO值很小，各方向下的RAO最大值集中在低频区域。

各方向的波浪都会使船体产生一定的垂荡运动，但与纵荡和横荡比较，其RAO最大值较小，范围在1m/m以内。

三个方向的平动都会随着波浪频率的增大有减小的趋势，特别是纵荡和横荡，频率很低时，运动幅大，但随着频率增大运动幅衰减很快，当频率大于0.3rad/s（20.94s）时运动幅度已经较小，所以需要避免在低频海况中施工。

"长大海升"在不同浪向下、不同纵荡、横荡、垂荡运动范围所对应频率、周期范围见表5-14～表5-16。"长大海升"转动运动峰值见表5-17。

"长大海升"在不同浪向、不同纵荡运动范围所对应频率、周期范围表　　表 5-14

RAO (m/m)	浪向									
	0°		45°		90°		135°		180°	
选项	频率 (rad/s)	周期 (s)	频率 (rad/s)	周期 (s)	频率 (rad/s)	周期 (s)	频率 (rad/s)	周期 (s)	频率 (rad/s)	周期 (s)
0 ~ 0.2	0.7 ~ 2.5	2.51 ~ 8.98	0.8 ~ 2.5	2.51 ~ 7.85	0.05 ~ 25	2.51 ~ 125.66	0.75 ~ 2.5	2.51 ~ 8.38	0.65 ~ 2.5	2.51 ~ 9.67
0.2 ~ 0.5	0.55 ~ 0.65	9.67 ~ 11.42	0.6 ~ 0.75	8.38 ~ 10.47	—	—	0.6 ~ 0.7	8.89 ~ 10.47	0.55 ~ 0.6	10.47 ~ 11.42
0.5 ~ 1	0.45 ~ 0.5	12.57 ~ 13.92	0.4 ~ 0.55	11.42 ~ 15.71	—	—	0.4 ~ 0.55	11.42 ~ 15.71	0.45 ~ 0.5	12.57 ~ 13.95
>1	≤0.4	≥15.71	≤0.35	≥17.95	—	—	≤0.35	≥17.95	≤0.4	≥15.71

"长大海升"在不同浪向、不同横荡运动范围所对应频率、周期范围表　　表 5-15

RAO (m/m)	浪向									
	0°		45°		90°		135°		180°	
选项	频率 (rad/s)	周期 (s)	频率 (rad/s)	周期 (s)	频率 (rad/s)	周期 (s)	频率 (rad/s)	周期 (s)	频率 (rad/s)	周期 (s)
0 ~ 0.2	0.05 ~ 25	2.51 ~ 125.66	0.65 ~ 2.5	2.51 ~ 9.67	1.2 ~ 2.5	2.51 ~ 5.24	0.75 ~ 2.5	2.51 ~ 8.38	0.05 ~ 25	2.51 ~ 125.66
0.2 ~ 0.5	—	—	0.55 ~ 0.6	10.47 ~ 11.42	0.65 ~ 1.15	5.46 ~ 9.67	0.55 ~ 0.7	8.98 ~ 11.42	—	—
0.5 ~ 1	—	—	0.4 ~ 0.5	12.57 ~ 15.71	0.5 ~ 0.75	8.38 ~ 12.57	0.4 ~ 0.5	12.57 ~ 15.71	—	—
>1	—	—	≤0.35	≥17.95	≤0.45	≥13.96	≤0.35	≥17.95	—	—

"长大海升"在不同浪向、不同垂荡运动范围所对应频率、周期范围表　　表 5-16

RAO (m/m)	浪向									
	0°		45°		90°		135°		180°	
选项	频率 (rad/s)	周期 (s)	频率 (rad/s)	周期 (s)	频率 (rad/s)	周期 (s)	频率 (rad/s)	周期 (s)	频率 (rad/s)	周期 (s)
0 ~ 0.2	0.65 ~ 2.5	2.51 ~ 9.67	0.8 ~ 2.5	2.51 ~ 7.85	1.05 ~ 2.5	2.51 ~ 5.98	0.85 ~ 2.5	2.51 ~ 7.39	0.85 ~ 2.5	2.51 ~ 7.39

续上表

RAO	浪向									
（m/m）	0°		45°		90°		135°		180°	
选项	频率（rad/s）	周期（s）	频率（rad/s）	周期（s）	频率（rad/s）	周期（s）	频率（rad/s）	周期（s）	频率（rad/s）	周期（s）
0.2~0.5	0.5~0.6	10.47~12.57	0.65~0.75	8.38~9.67	0.9~1	6.28~6.98	0.7~0.8	7.85~8.98	0.55~0.8	7.85~11.42
0.5~1	0.05~0.45	12.96~125.66	0.05~0.6	10.47~125.66	0.05~0.85	7.39~125.66	0.05~0.65	9.67~125.66	0.05~0.5	12.57~125.66
>1	—	—	—	—	—	—	—	—	—	—

"长大海升"转动运动峰值表（波浪周期3.93~20.94s） 表5-17

项目参数	船舶转动方式					
	横摇		纵摇		艏摇	
最大响应波浪角度（°）	45/135	90	0/180	45/135	45	135
峰值波浪频率（rad/s）	0.65/0.65	0.65	0.55/0.55	0.7/0.65	0.3	0.3
峰值波浪周期（s）	9.67/9.67	9.67	11.42/11.42	8.98/9.67	20.94	20.94
峰值（°/m）	3.9/3.5	17.2	1.46/1.4	1.42/1.29	0.96	0.96

"泛舟6"在不同浪向、不同纵荡、横荡、垂荡运动范围所对应频率、周期范围见表5-18~表5-20。"泛舟6"转动运动峰值见表5-21。

"泛舟6"在不同浪向、不同纵荡运动范围所对应频率、周期范围表 表5-18

RAO	浪向									
（m/m）	0°		45°		90°		135°		180°	
选项	频率（rad/s）	周期（s）	频率（rad/s）	周期（s）	频率（rad/s）	周期（s）	频率（rad/s）	周期（s）	频率（rad/s）	周期（s）
0~0.2	0.55~2.5	2.51~11.42	0.7~2.5	2.51~8.98	0.05~25	2.51~125.66	0.7~2.5	2.51~8.98	0.55~2.5	2.51~11.42
0.2~0.5	0.5	12.57	0.55~0.65	9.67~11.42	—	—	0.55~0.65	9.67~11.42	0.5	12.57
0.5~1	0.4~0.45	13.96~15.71	0.35~0.5	12.57~17.95	—	—	0.35~0.5	12.57~17.95	0.4~0.45	13.96~15.71
>1	≤0.35	≥17.95	≤0.3	≥20.94	—	—	≤0.3	≥20.94	≤0.35	≥17.95

"泛舟6"在不同浪向、不同横荡运动范围所对应频率、周期范围表 表 5-19

RAO (m/m)	浪向									
	0°		45°		90°		135°		180°	
选项	频率 (rad/s)	周期 (s)	频率 (rad/s)	周期 (s)	频率 (rad/s)	周期 (s)	频率 (rad/s)	周期 (s)	频率 (rad/s)	周期 (s)
0 ~ 0.2	—	—	0.7 ~ 2.5	2.51 ~ 8.98	0.8 ~ 2.5	2.51 ~ 7.85	0.7 ~ 2.5	2.51 ~ 8.98	—	—
0.2 ~ 0.5	—	—	0.55 ~ 0.65	9.67 ~ 11.42	0.95 ~ 1.1	5.71 ~ 6.61	0.55 ~ 0.65	9.67 ~ 11.42	—	—
0.5 ~ 1	—	—	0.35 ~ 0.5	12.57 ~ 17.95	0.75	8.38 ~ 9.87	0.35 ~ 0.5	12.57 ~ 17.95	—	—
>1	—	—	≤0.3	≥20.94	≤0.7	≥8.98	≤0.3	≥20.94	—	—

"泛舟6"在不同浪向、不同垂荡运动范围所对应频率、周期范围表 表 5-20

RAO (m/m)	浪向									
	0°		45°		90°		135°		180°	
选项	频率 (rad/s)	周期 (s)	频率 (rad/s)	周期 (s)	频率 (rad/s)	周期 (s)	频率 (rad/s)	周期 (s)	频率 (rad/s)	周期 (s)
0 ~ 0.2	0.5 ~ 2.5	2.51 ~ 12.57	0.7 ~ 2.5	2.51 ~ 8.98	1.4 ~ 2.5	2.51 ~ 4.49	0.7 ~ 2.5	2.51 ~ 8.98	0.5 ~ 2.5	2.51 ~ 12.57
0.2 ~ 0.5	0.4 ~ 0.45	13.96 ~ 15.71	0.55 ~ 0.65	9.67 ~ 11.42	1.15 ~ 1.35	4.65 ~ 5.46	0.55 ~ 0.65	9.67 ~ 11.42	0.4 ~ 0.45	13.96 ~ 15.71
0.5 ~ 1	0.05 ~ 0.35	17.95 ~ 125.66	0.05 ~ 0.5	12.57 ~ 125.66	0.05 ~ 1.1	5.71 ~ 125.66	0.05 ~ 0.5	2.57 ~ 125.66	0.05 ~ 0.35	17.95 ~ 125.66
>1	—	—	—	—	—	—	—	—	—	—

"泛舟6"转动运动峰值表（波浪周期3.93 ~ 20.94s） 表 5-21

项目参数	船舶转动方式					
	横摇		纵摇		艏摇	
最大响应波浪角度(°)	45/135	90	0/180	45/135	45	135
峰值波浪频率 (rad/s)	0.65/0.7	0.75	0.4/0.4	0.55/0.55	0.3	0.3
峰值波浪周期 (s)	9.67/8.98	8.38	15.71/15.71	11.42/44.42	20.94	20.94
峰值(°/m)	1.48/1.53	17	0.985/0.985	0.965/0.972	0.92	0.92

观察图 5-8 和图 5-9 的横摇 RAO 曲线以及表 5-14～表 5-21,在横浪作用下,在 0.65rad/s 和 0.75rad/s 的频下,两艘船横摇 RAO 值出现最大值,达到 17°/m 左右。

比较两艘船的纵摇 RAO 曲线,顺浪作用下,0.55rad/s 时出现最大值(1.5°/m),"泛舟6"号在 0.4rad/s 时出现最大值(1°);与顺浪作用相比,斜浪作用下船体纵摇 RAO 也出现高度相同的值,其所对应的频率斜浪滞后于顺浪,在横浪下船体纵摇运动很小。

两艘船的艏摇运动都在 1°/m 以内,在斜浪作用下较大,较大的运动出现在低频区,但随着频率增大呈现减小的趋势,在顺浪和横浪作用下艏摇运动很小。

在施工过程中需要避免 RAO 最大值所对应的频率范围,结合现场情况与计算结果,管理技术人员与操作人员相互配合,选择合适的时机进行某项操作。

(2)船体附加阻尼系数、附加质量系数结果分析

"长大海升"附加阻尼系数、"泛舟6"六个自由度动运附加阻尼系数分别如图 5-10、图 5-11 所示。

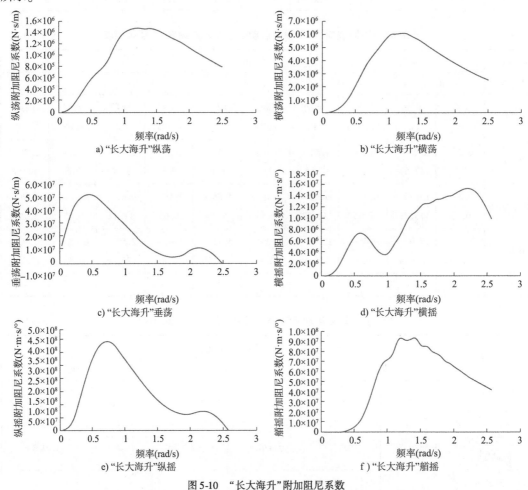

图 5-10 "长大海升"附加阻尼系数

"长大海升"六个自由度运动附加质量及系数见图 5-12,"泛舟6"六个自由度运动附加质量及系数见图 5-13。

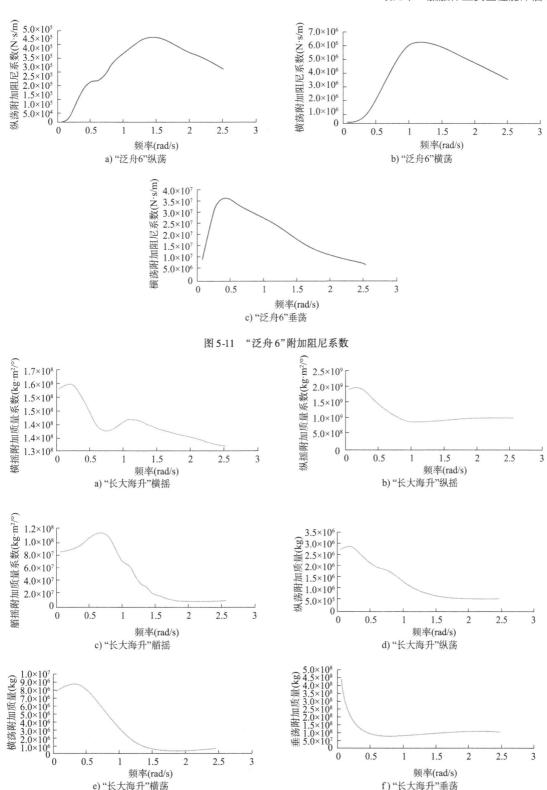

图 5-11 "泛舟6" 附加阻尼系数

图 5-12 "长大海升" 六个自由度运动附加质量及系数

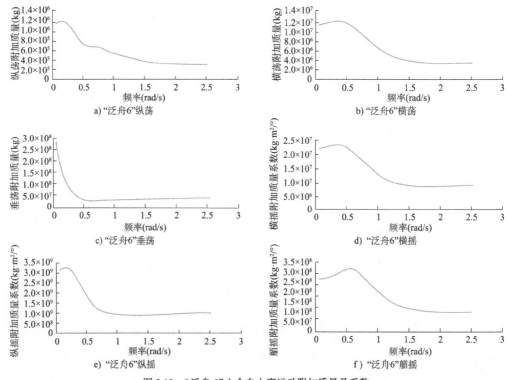

图 5-13 "泛舟 6"六个自由度运动附加质量及系数

4）时域验证

垂荡方向、纵摇方向时域验证分别如图 5-14、图 5-15 所示。

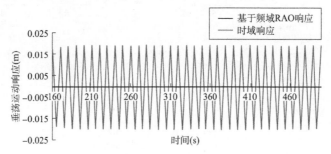

图 5-14 垂荡方向时域验证

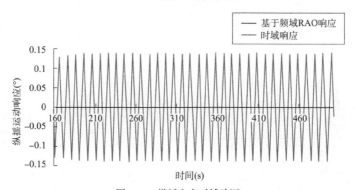

图 5-15 纵摇方向时域验证

由上结果可以看出,基于频域的 RAO 响应与时域响应重合度极高,通过这两个方向的验证可以说明时域模型具有良好的精度。

5.3 主要研究内容

5.3.1 工况组合概述

根据现场吊装需求,制定了工程桩施工平台吊装、临时桩导向架吊装及导管架吊装三种方案,并结合 90°、112.5°、135°方向风浪进行工况组合。

5.3.2 计算步骤

(1)收集起重船、运输船及吊装结构物基本参数数据与图纸信息。

(2)通过 ANSYS-WORKBENCH 进行建模,利用 AQWA 系列模块分析规则波下的水动力响应以及因辐射/衍射引起的波浪力,同时可求得浮体的附加质量系数、辐射阻尼系数及浮体六个自由度方向上的运动。

(3)最后根据计算数据得出结果。

5.3.3 基本参数

各结构主要参数见表 5-22。

各结构主要参数 表 5-22

平板驳主要参数		施工平台主要参数	
项目	数值	项目	数值
总长 L(m)	125.00	长(m)	46.00
垂线间长(m)	124.00	宽(m)	45.04
型宽 B(m)	35.00	高(m)	5.70
型深 D(m)	7.50	质量(t)	1600.00
作业吃水 d(m)	5.00	临时桩导向架主要参数	
排水量(t)	20153.50	项目	数值
LCG(m)	6.128	长(m)	44.20
TCG(m)	0.00	宽(m)	27.52
VCG(m)	4.463	高(m)	39.438
作业水深 h(m)	26.00	质量(t)	410.00
导管架主要参数			
项目		数值	
长(m)		26	
宽(m)		26	
高(m)		55	

5.3.4 作业条件设置

1）水深

海底地形图显示整个场址区域的水深为 24～28m，取 26m。

2）波浪

全年常浪向为 SE，频率为 38.91%；次常浪向为 ESE，频率为 22.39%；其中 ESE～S 向频率为 94.02%。一年中最大平均周期为 10.4s，相应的 $H_{1/10}$ 波高为 1.69m；一年中年最大 $H_{1/10}$ 波高为 6.97m，对应平均周期为 8.5s。平均周期小于 3.5s 的波浪出现率为 7.93%，平均周期 3.5～5.5s 的波浪出现率为 77.42%，平均周期 7.0s 以上的波浪出现率为 2.02%。波高周期联合分布中，出现率最高的是 $H_{1/10}$（为 0.5～1m）和平均周期为 3.5～4s 的波浪，出现率为 14.03%。全年强浪向（大于 2.0m 波高出现最多的）主要为 SE，大浪主要由台风和冷空气产生。本工程主要受 E、ESE、SE、SSE、S、SSW 浪向作用，表 5-23、图 5-16 分别为波浪方向分布、实际方向与 AQWA 中浪向之间对应关系。

波浪实际方向与 AQWA 中浪向之间对应关系 表 5-23

波向	N	NNE	NE	ENE	E	ESE	SE	SSE
AQWA 中对应浪向	-135	-157.5	-180	157.5	135	112.5	90	67.5
概率（%）	0.01	0.02	0.04	1.58	8.41	37.51	24.22	16.88
波向	S	SSW	SW	WSW	W	WNW	NW	NNW
AQWA 中对应浪向	45	22.5	0	-22.5	-45	-67.5	-90	-112.5
概率（%）	10.12	0.65	0.38	0.09	0.01	0.03	0.02	0.01

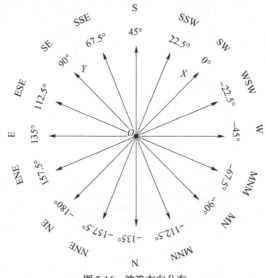

图 5-16 波浪方向分布

3）风流

作业海域风速 5~6 级,即 10~12m/s,按 10m/s 取值,流速按 0.2~1.0m/s 考虑。

5.4　吊装水动力分析

5.4.1　工程桩施工平台吊装分析

计算模型侧视图、俯视图分别如图 5-17、图 5-18 所示,约束设置如图 5-19 所示。

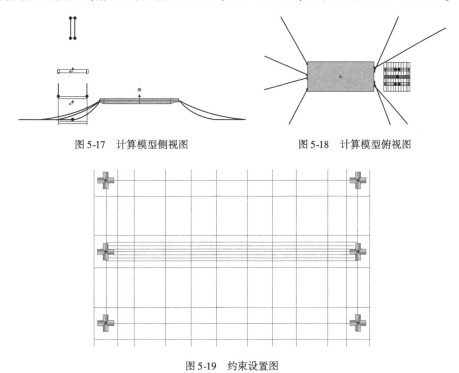

图 5-17　计算模型侧视图　　　　图 5-18　计算模型俯视图

图 5-19　约束设置图

1）起吊过程

（1）"长大海升"与运输船 90° 与 112.5° 浪向下的运动响应

90°、112.5° 浪向下船体幅值响应分别如图 5-20、图 5-21 所示。

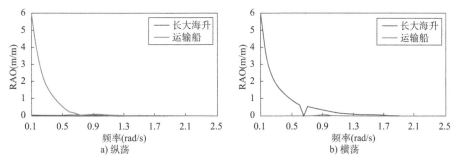

a）纵荡　　　　　　　　b）横荡

图　5-20

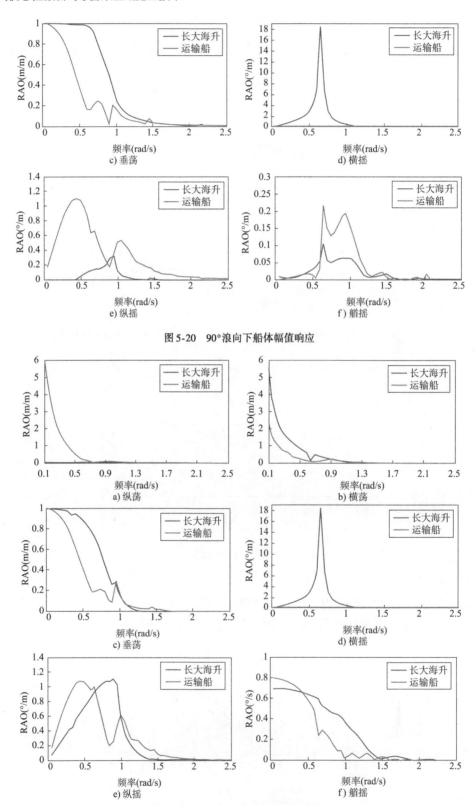

图 5-20　90°浪向下船体幅值响应

图 5-21　112.5°浪向下船体幅值响应

由于"长大海升"和运输船"T"形布置,在90°(SE)浪向下,"长大海升"的纵荡很小,横荡较大,横摇很大,而运输船的纵荡较大,横荡很小,横摇很小,这与水动力理论相符合,其他方向运动都较小;在112.5°(ESE)浪向下纵荡、横荡和横摇和90°浪向的规律相同,可以看出在实际海洋环境下,即较高频率海况下,两艘船的频域响应较小。横摇出现较大幅值是由于所考虑的两个浪向对于"长大海升"来说接近横浪,且没有考虑系泊约束,在AQWA计算中引入了两艘船的横摇黏性阻尼。

(2)时域验证与分析

垂荡、纵摇方向时域验证分别如图5-22、图5-23所示。

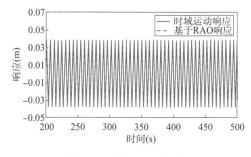

图5-22　垂荡方向时域验证　　　　　　　图5-23　纵摇方向时域验证

由上述结果可以看出,基于频域的RAO响应与时域响应吻合较好,通过这两个方向的验证可以说明时域模型具有良好的精度。

90°、112.5°浪向下船体运动响应历时曲线分别如图5-24、图5-25所示。

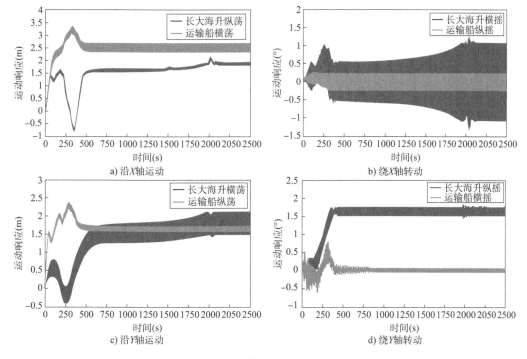

图　5-24

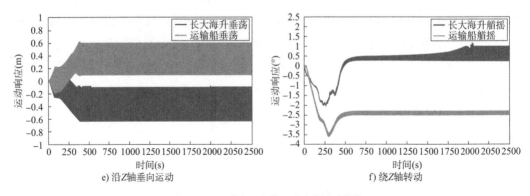

e) 沿Z轴垂向运动　　　　　　　　　f) 绕Z轴转动

图5-24　90°浪向下船体运动响应历时曲线

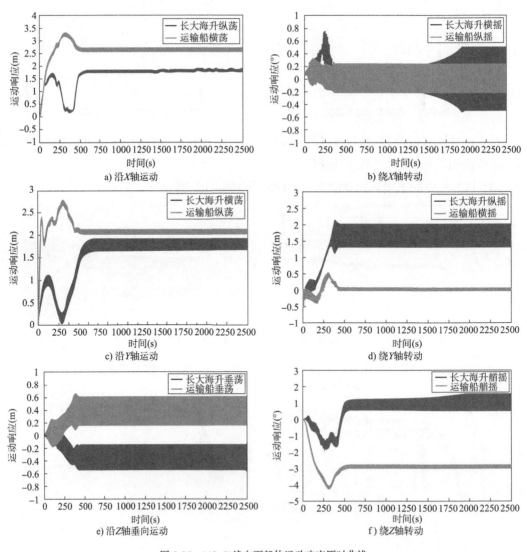

a) 沿X轴运动　　　　　　　　　b) 绕X轴转动

c) 沿Y轴运动　　　　　　　　　d) 绕Y轴转动

e) 沿Z轴垂向运动　　　　　　　　　f) 绕Z轴转动

图5-25　112.5°浪向下船体运动响应历时曲线

在图 5-24、图 5-25 中可以看出在 150s 之前,即还未开始起吊之前"长大海升"和运输船的运动并不是我们所关注的,这一阶段船舶运动的剧烈变化是由于施加的风、流荷载起作用,是船舶在风、流作用下重新找到平衡位置的过程。观察 X 和 Y 两个方向的运动,在提升后由于工程桩施工平台与两艘船之间的耦合作用,在 X 方向上"长大海升"出现向后运动的趋势,而运输船呈现远离"长大海升"的趋势,在 Y 方向上也有相对远离运动趋势,当平台脱离甲板后,可以观察到运输船和"长大海升"去寻找风、流作用下的新平衡位置,当找到平衡位置后,两艘船的运动趋于稳定,运动幅度较小。两艘船的垂向运动明显的展现出平台重量的转移,可以看出在 400s 左右平台重量由运输船完全转移到了"长大海升"。而对于两艘船的摇动两个浪向呈现出较大的差异,在 90°浪向时运输船的三个方向摇动幅度都较小,而"长大海升"的横摇随着提升高度的增大而增大,在最高位置"长大海升"会出现最大的横摇幅度,其他两个方向的转动幅度较小,这是因为起吊重物会降低起重船的稳定性,起吊高度越高,船体横摇恢复力矩越小,会产生较大的横摇运动。在 112.5°浪向下,"长大海升"的横摇幅度较 90°浪向下减小了,但是纵摇幅度增大了,运输船的横摇幅度较 90°浪向增大。

（3）Cable 分析

为了研究工程桩施工平台与运输船甲板之间通过支撑结构的相互作用和钢丝绳受力,对平台底部与运输船甲板之间的碰撞力以及提升钢丝绳张力进行了计算。

Fender、Cable 单元在运输船上的相对位置如图 5-26 所示,提升过程钢丝绳张力历时曲线如图 5-27 所示。

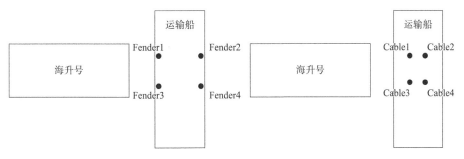

图 5-26　Fender、Cable 单元在运输船上的相对位置

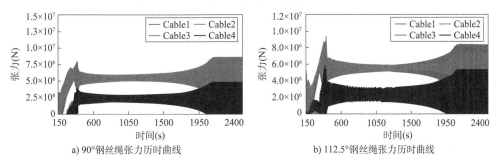

a) 90°钢丝绳张力历时曲线　　　　　b) 112.5°钢丝绳张力历时曲线

图 5-27　提升过程钢丝绳张力历时曲线

（4）工程桩施工平台历时曲线

吊离阶段平台与运输船板之间的碰撞力历时曲线如图 5-28 所示,吊臂与工程桩平台相

对距离随时间变化曲线如图5-29所示。

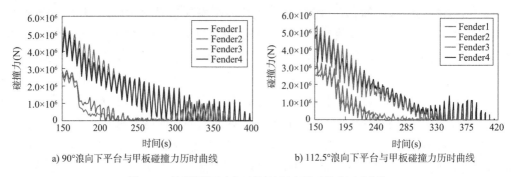

a) 90°浪向下平台与甲板碰撞力历时曲线   b) 112.5°浪向下平台与甲板碰撞力历时曲线

图5-28 吊离阶段平台与运输船板之间的碰撞力历时曲线

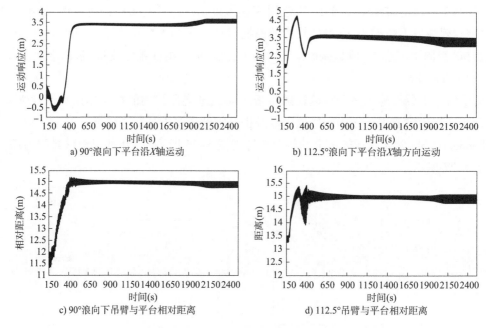

a) 90°浪向下平台沿X轴运动   b) 112.5°浪向下平台沿X轴方向运动

c) 90°浪向下吊臂与平台相对距离   d) 112.5°吊臂与平台相对距离

图5-29 吊臂与工程桩施工平台相对距离随时间变化曲线

从图5-29可以看出,在整个起吊过程中,吊臂与工程桩施工平台之间的距离大于12m,满足施工要求。90°浪向下出现小于12m的距离,但此时平台还处于运输船上,工程桩施工平台与"长大海升"的距离比计算设定的起始距离要大,所以并不影响吊装作业。

2)安全高度下移船

(1)频域计算分析

本工况中频域计算结果与工况1相同,故不再赘述。

(2)时域计算分析

本工况时域分析是针对"长大海升"向东北方向的移船过程。

90°(左)与112.5°(右)风浪流作用下"长大海升"位移曲线、角位移曲线分别如图5-30、图5-31所示,90°(左)与112.5°(右)风浪流作用下工程桩施工平台时间-位移曲线、时间-角位移曲线、校核如图 5-32 ~ 图 5-34 所示。

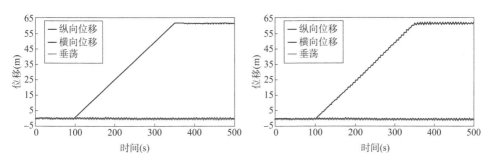

图 5-30　90°(左)与 112.5°(右)风浪流作用下"长大海升"时间-位移曲线

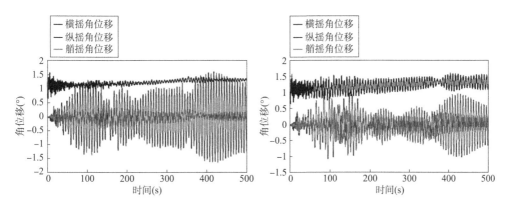

图 5-31　90°(左)与 112.5°(右)风浪流作用下"长大海升"时间-角位移曲线

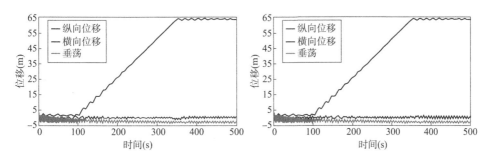

图 5-32　90°(左)与 112.5°(右)风浪流作用下工程桩施工平台位移曲线

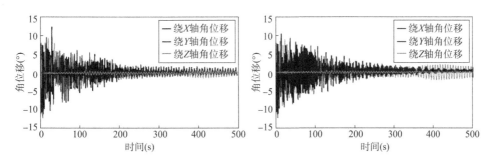

图 5-33　90°(左)与 112.5°(右)风浪流作用下工程桩施工平台时间-角位移曲线

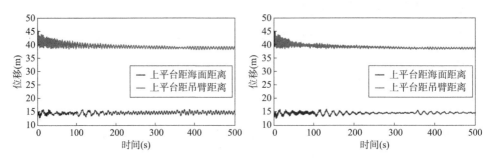

图 5-34   90°(左)与 112.5°(右)风浪流作用下工程桩施工平台校核

在此阶段移船过程中,主要需要我们关注的吊装要求是工程桩施工平台与"长大海升"起重臂之间的安全距离,以及临时桩导向架距离海平面之间的间距。其情况从图 5-30、图 5-34 中可以看出,在此两个高概率海况下,临时桩导向架与吊臂间的距离在向西南方向的移船过程中始终保持在 10m 以上,可以满足平台起吊后水平方向与臂架的安全距离大于 10m 的要求,而临时桩导向架底端距离海平面的距离始终可以保持在 35m 以上,也可以满足水面起升高大于 30m 的要求。

3)下放过程

(1)频域计算分析

本工况中频域计算结果包含在工况 1 中,故不再赘述。

(2)时域计算分析

本工况时域分析结果分为两个阶段:第一阶段,工程桩施工平台从初始位置下放至刚好与定位桩接触;第二阶段,工程桩施工平台从与定位桩对接开始下放至完全置于临时桩导向架上。本工况下风、浪、流考虑同向设置,主要计算 90°和 112.5°两个浪向,主要参数见表 5-24。

环境参数设置   表 5-24

参数	数值	参数	数值
风速(m/s)	10	波高(m)	1.5
流速(m/s)	0.75	波浪周期(s)	7

①"长大海升"运动响应

计算得到 90°方向风、浪、流作用下"长大海升"六自由度运动响应,如图 5-35 所示。

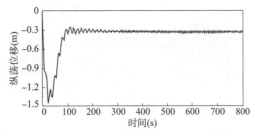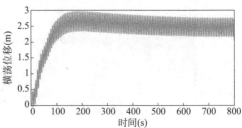

图   5-35

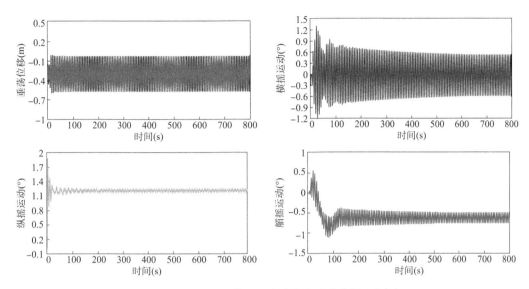

图5-35 90°风、浪、流作用下"长大海升"六自由度运动响应

计算得到112.5°方向风、浪、流作用下"长大海升"六自由度运动响应,如图5-36所示。

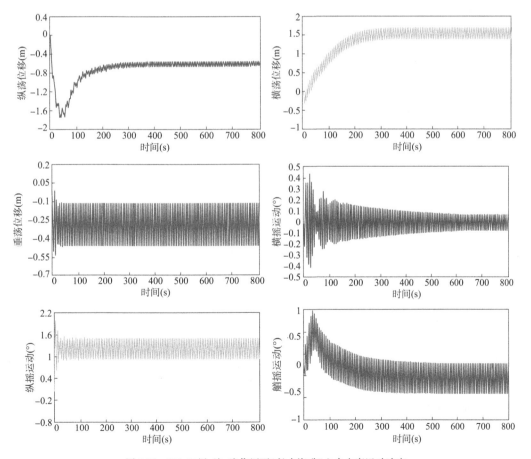

图5-36 112.5°风、浪、流作用下"长大海升"六自由度运动响应

从图5-36中可以看出,初始一段时间内,由于工程桩施工平台重量作用于"长大海升"的影响,"长大海升"产生1.2°左右的纵摇运动,而由于风、浪、流作用的影响,使"长大海升"产生一定幅度的横荡位移,在系泊系统的作用下,一段时间后,"长大海升"六自由度的运动响应趋于稳定。在90°和112.5°两种环境条件作用下,其横荡、纵荡和垂荡运动幅值都在0.3m以内,横摇、纵摇和艏摇幅值都在0.5°以内,整体来说相对稳定。

②工程桩施工平台运动响应

计算得到90°方向风、浪、流作用下工程桩施工平台六自由度运动响应,如图5-37所示。

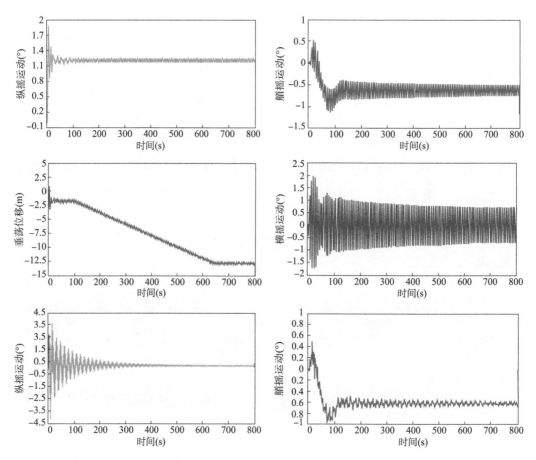

图5-37　90°风、浪、流作用下工程桩施工平台六自由度运动响应

计算得到112.5°方向风、浪、流作用下工程桩施工平台六自由度运动响应,如图5-38所示。

从图5-37、图5-38可以看出,初始一段时间内,由于"长大海升"受到风、浪、流以及工程桩施工平台重量的作用,使工程桩施工平台跟随"长大海升"一起产生一定的横荡和纵摇运动,一段时间后趋于平稳。在90°风浪流作用下,工程桩施工平台横荡运动幅值较大,达到0.5m左右,而在112.5°方向下运动相对较小,下放过程垂荡运动较为平稳,在两种方向下工程桩施工平台摇动都较小,在1°以内。

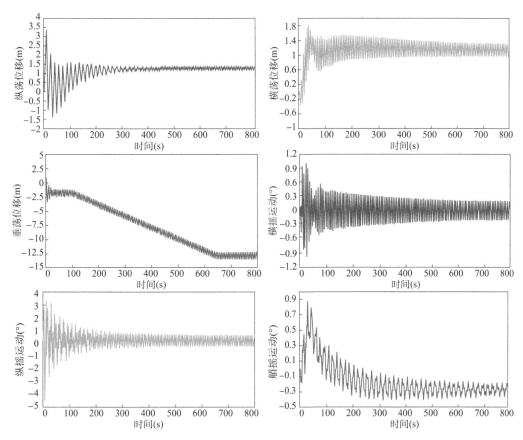

图 5-38 112.5°风、浪、流作用下工程桩施工平台六自由度运动响应

③吊索张力

计算得到90°风、浪、流作用下4根吊索张力,如图5-39所示。

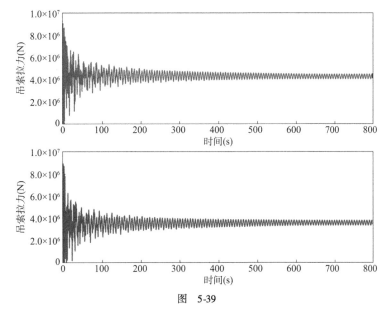

图 5-39

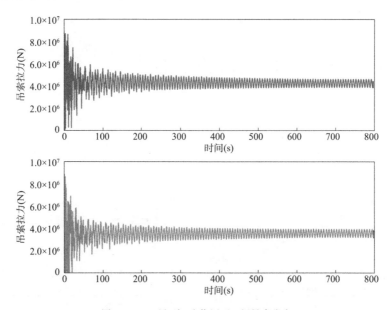

图5-39 90°风、浪、流作用下4根吊索张力

计算得到112.5°风、浪、流作用下4根吊索张力,如图5-40所示。

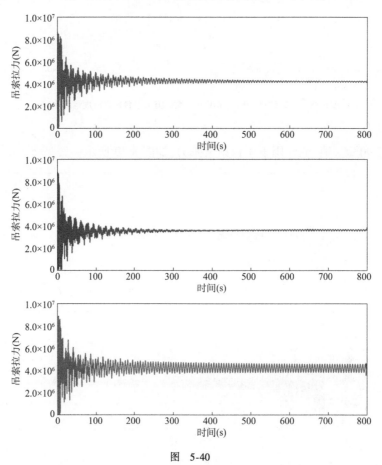

图 5-40

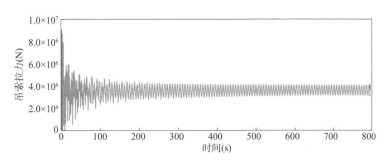

图5-40 112.5°风、浪、流作用下4根吊索张力

从图5-39、图5-40中可以看出,开始一段时间内由于初始效应的影响,吊索拉力变化幅度较大,一段时间后趋于稳定,两种方向下吊索拉力都保持在 $4 \times 10^6 \mathrm{N}$ 左右,远小于吊索破断力 $2.7379 \times 10^8 \mathrm{N}$,较为安全。

4)下放第二阶段

下放第二阶段设置4根吊索从初始长度28m下放至59.25m完全位于临时桩导向架上,本阶段侧向约束与垂向约束均起作用,时域计算设置如表5-25所示。本计算过程主要关注800s后计算结果。

时域计算设置 表5-25

参数	数值	参数	数值
计算时长(s)	2000	开始下放时间(s)	100
计算步长(s)	0.1		

(1)"长大海升"运动响应

计算得到90°风、浪、流作用下"长大海升"六自由度运动响应,如图5-41所示。

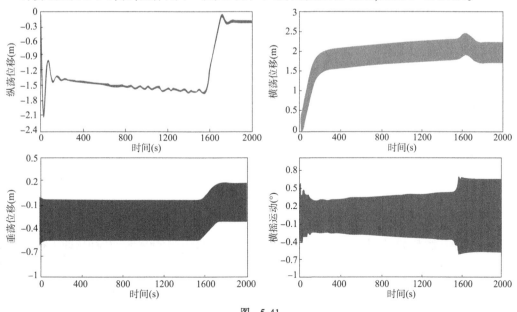

图 5-41

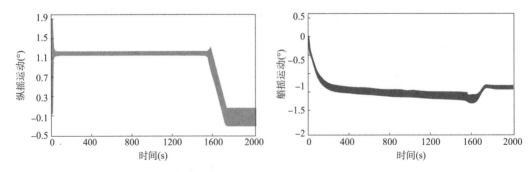

图 5-41　90°风、浪、流作用下"长大海升"六自由度运动响应（下放第二阶段）

计算得到 112.5°风、浪、流作用下"长大海升"六自由度运动响应，如图 5-42 所示。

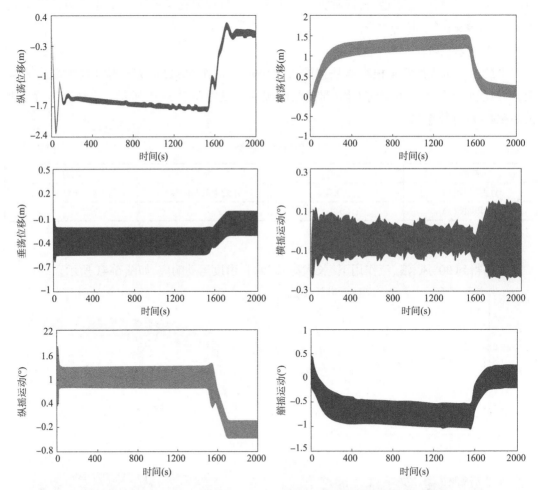

图 5-42　112.5°风、浪、流作用下"长大海升"六自由度运动响应（下放第二阶段）

从图 5-41、图 5-42 中可以看出初始一段时间内，在 800～1600s 时间段内，即工程桩施工平台从定位桩桩顶下放至临时桩导向架上方过程中，"长大海升"六自由度运动响应依然相对稳定且运动幅值较小，并且同第一阶段计算结果基本吻合，1600s 之后工程桩施工平台重量逐渐转移到临时桩导向架上，该过程中"长大海升"除横摇运动略微增大外，其余运动响应都不同程度地减小。

（2）工程桩施工平台运动响应

计算得到90°风、浪、流作用下工程桩施工平台六自由度运动响应,如图5-43所示。

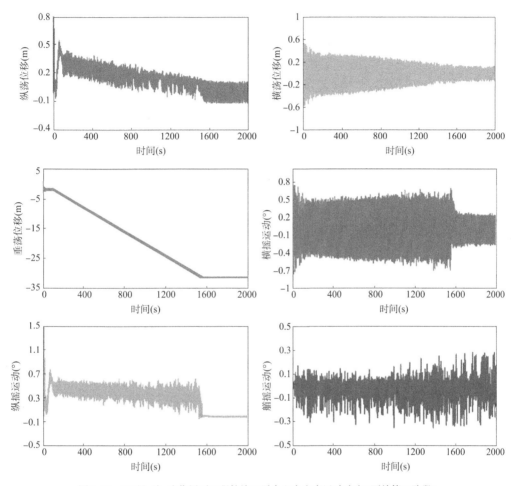

图5-43 90°风、浪、流作用下工程桩施工平台六自由度运动响应(下放第二阶段)

计算得到112.5°风、浪、流作用下工程桩施工平台六自由度运动响应,如图5-44所示。

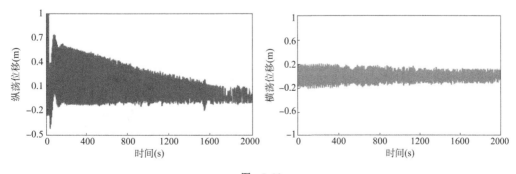

图 5-44

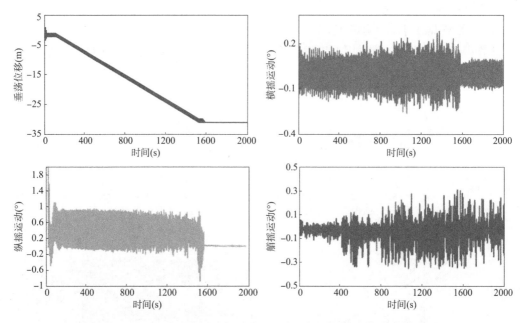

图5-44 112.5°风、浪、流作用下工程桩施工平台六自由度运动响应(下放第二阶段)

从图5-43、图5-44中可以看出,整个对接及重量转移过程中,工程桩施工平台运动响应都相对较小,且其横摇和纵摇运动在工程桩施工平台重量转移到临时桩导向架后几乎为0,这是由于工程桩施工平台的运动响应不再受到"长大海升"运动的影响。

(3)吊索张力

计算得到112.5°风、浪、流作用下4根吊索张力,如图5-45所示。

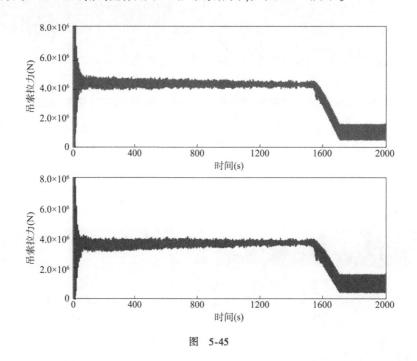

图 5-45

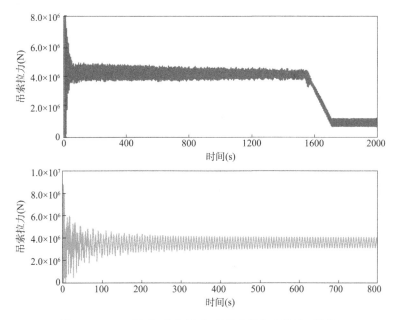

图 5-45 112.5°风、浪、流作用下 4 根吊索张力(下放第二阶段)

从图 5-45 中可以看出,两种方向下吊索拉力在接触临时桩导向架之前和第一阶段计算结果吻合,当工程桩施工平台开始接触临时桩导向架时,吊索张力变化幅度有所增大,一段时间后稳定下降,当工程桩施工平台完全置于临时桩导向架上时,4 根吊索张力都维持在较低的水平。

(4)侧向约束碰撞力

由于本工况中定位桩与对接桩孔对称布置,6 个对接桩孔处碰撞力几乎相同,因此只展示 1 个对接桩孔处 4 个侧向约束的碰撞力,且只考虑 800s 之后的计算结果。其布置图如表 5-26 所示。

侧向约束碰撞力设置 表 5-26

参数	数值	对接桩孔侧向约束碰撞力设置
长度(m)	1	
刚度(N/m)	10000000	
阻尼系数 [N/(m/s)]	1000000	

计算得到 90°风、浪、流作用下 4 个侧向约束碰撞力,如图 5-46 所示。

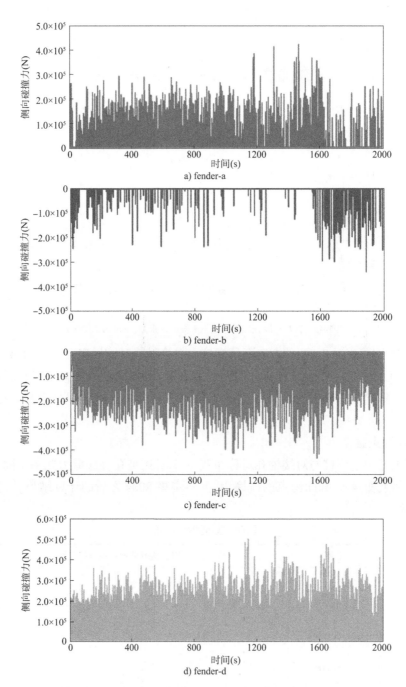

图5-46 90°风、浪、流作用下4个侧向约束碰撞力

计算得到112.5°风、浪、流作用下4个侧向约束碰撞力,如图5-47所示。

从图5-46、图5-47中可以看出,在两个不同方向,4个侧向约束的碰撞力都在7×10^5N内,且fender-a的碰撞力较fender-b要大,这是由于在对接之前工程桩施工平台由于"长大海升"的运动产生了较大纵荡方向位移,使得fender-a的碰撞力大于fender-b碰撞力。

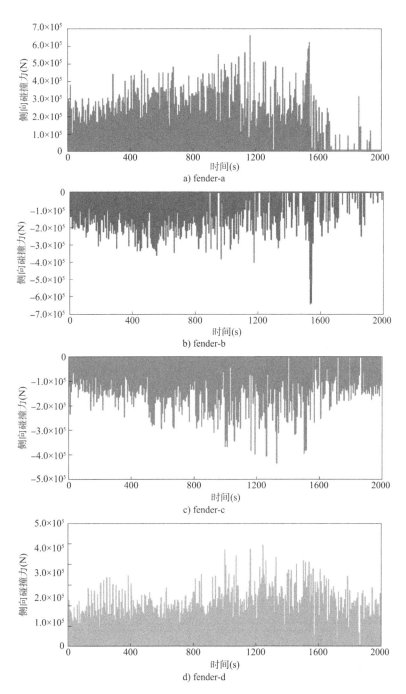

图 5-47 112.5°风、浪、流作用下侧向约束碰撞力

（5）垂向约束碰撞力

临时桩导向架上 6 个对接桩孔处垂向约束参数设置同侧向约束相同，计算得到 90°风、浪、流作用下 6 个垂向约束碰撞力，如图 5-48 所示。

计算得到 112.5°风、浪、流作用下 6 个垂向约束碰撞力，如图 5-49 所示。

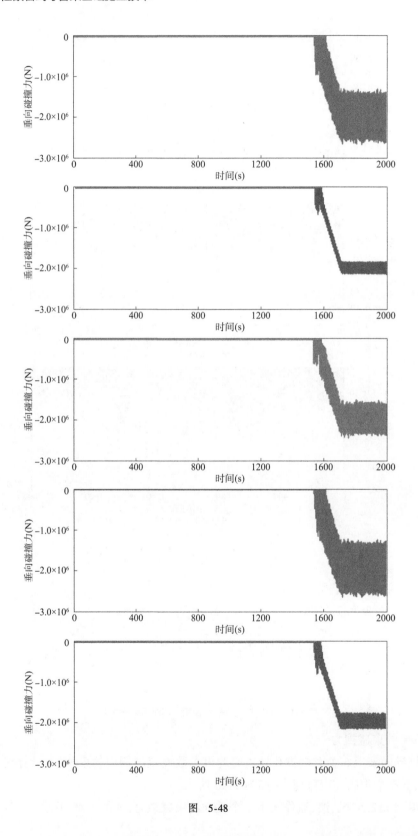

图　5-48

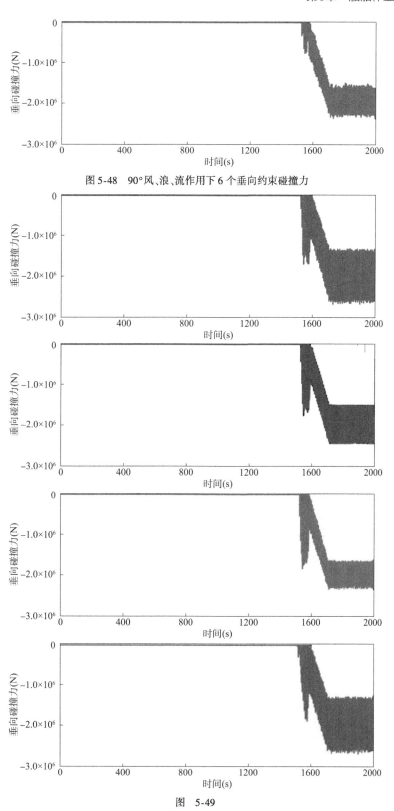

图 5-48　90°风、浪、流作用下 6 个垂向约束碰撞力

图　5-49

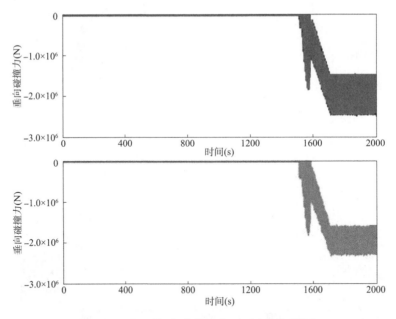

图 5-49　112.5°风、浪、流作用下 6 个垂向约束碰撞力

从图 5-48、图 5-49 中可以看出，在两种方向下，6 个垂向约束在工程桩施工平台刚与临时桩导向架接触时变化幅度较大，之后稳定增加，且其最大碰撞力处于 $2.6 \times 10^6 \mathrm{N}$ 附近，6 处约束合力接近工程桩施工平台重量 $1.6 \times 10^7 \mathrm{N}$，验证了计算结果的准确性。

综合上述计算结果，可以得到整个工程桩施工平台下放过程中，稳定状态下"长大海升"和工程桩施工平台的运动幅值都较小，且吊索刚度均满足设计要求。在对接过程中侧向碰撞力在 $7 \times 10^5 \mathrm{N}$ 范围内，与临时桩导向架垂向碰撞力在 $2.6 \times 10^6 \mathrm{N}$ 附近，且都在工程桩施工平台刚接触临时桩导向架时变化幅值较大，然后趋于稳定。

5.4.2　临时桩导向架吊装分析

船舶布置如图 5-50 所示，ANSYS-AQWA 中的船舶布置模型如图 5-51 所示。

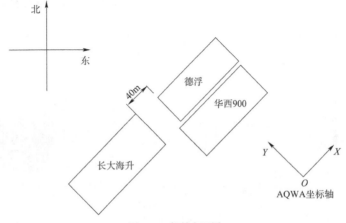

图 5-50　船舶布置图

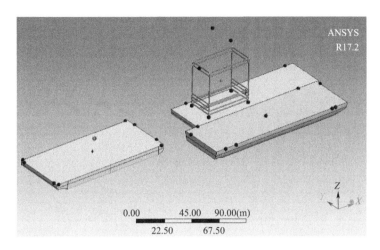

图 5-51 ANSYS-AQWA 中的船舶布置模型图

1）起吊至安全高度

（1）频域计算分析

45°、67.5°、90°、112.5°浪向下船体幅值响应算子如图 5-52 ~ 图 5-55 所示。

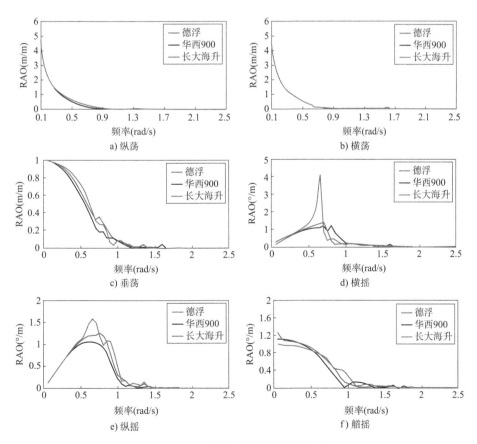

图 5-52 45°浪向下船体幅值响应算子

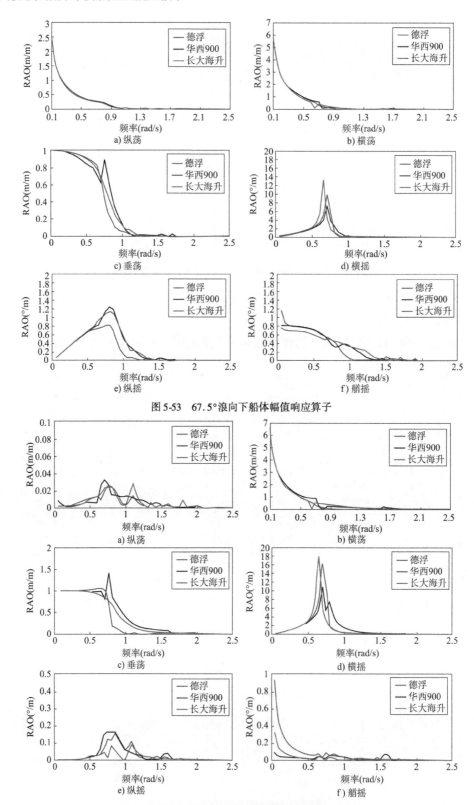

图 5-53　67.5°浪向下船体幅值响应算子

图 5-54　90°浪向下船体幅值响应算子

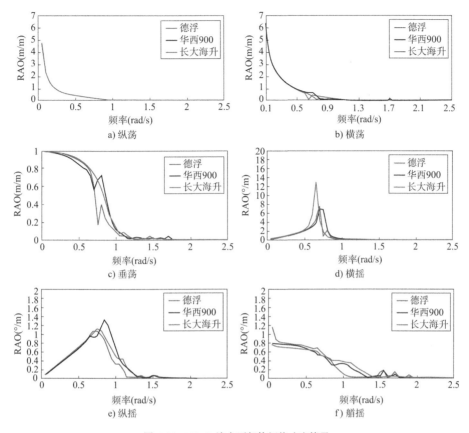

图 5-55　112.5°浪向下船体幅值响应算子

对比图 5-52 ~ 图 5-55 中的纵荡,可以看出三艘船的运动基本一致,90°浪向时,三艘船的运动很小,其他浪向条件下纵荡运动幅值都集中在低频,即长周期。而实际海域最大平均周期为 10s,即 0.628rad/s,在大于或等于 0.628rad/s 时,不同浪向下三艘船的运动幅值均低于 1m。

对于横荡运动,几种浪向条件下均产生了较大的横荡运动,但在大部分短周期波浪作用下,运动幅值均小于 1m。

对于垂荡运动,90°浪向下的垂荡运动较其他浪向下的运动要大,在时域内要重点分析。对于横摇来说,三艘船的最大横摇运动均发生在横浪条件下,最大横摇小于 20°,其中“长大海升”的横摇幅值大于其他两艘船。对比不同浪向下的横摇,可以看出 90°浪向下横摇最大,45°浪向下最小;而纵摇和艏摇则相反,其他浪向下船体纵摇比 90°浪向下大,但纵摇值基本较小。

(2)时域验证与分析

垂荡、纵摇方向时域验证如图 5-56、图 5-57 所示。

由图 5-56、图 5-57 可以看出,基于频域的 RAO 响应与时域运动响应重合度极高,通过这两个方向的验证可以说明时域模型具有良好的精度,为后续吊装分析打下了基础。

观察不同浪向下三艘船的纵荡运动,尤其观察“长大海升”和运输船的运动,两艘船相对于初始位置最大运动距离都不超过1m,即使是相对运动,两船之间的距离最多减少2m左右,完全满足两船之间距离大于10m。

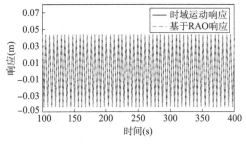

图5-56 垂荡方向时域验证

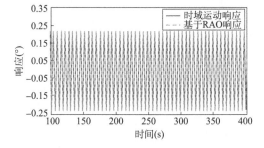

图5-57 纵摇方向时域验证

对于船舶的垂荡运动,在90°浪向下幅度最大,但也在0.2m左右。"华西900"的垂向运动随时间变化较规律,由于临时桩导向架的起吊,重量的转移,"长大海升"会下沉,而"德浮"运输船会上浮,中间有一个变化阶段即平台重量的转移阶段,当平台完全吊离"德浮"运输船,三艘船的横荡运动更加规律化。

浪向对船体的横摇运动有显著影响。45°浪向下,三艘船的横摇运动较其他浪向小;90°浪向对"华西900"的横摇影响较大,但运动幅度并不大;67.5°浪向和112.5°浪向对"德浮"和"长大海升"会产生比其他浪向较大的摇动角度。

浪向对纵摇影响不大,主要是平台的重量转移会使"长大海升"和"德浮"产生相反的纵摇角度变化,对"华西900"几乎无影响。

由于"华西900"和"德浮"运输船并靠相连,90°浪向对两艘船的艏摇影响较大,施工时应当注意。对"长大海升"来说,112.5°浪向产生较大的艏摇角度,可能会影响平台的运动。

当平台提升12.5m后到指定高度,此时平台与甲板之间的距离大于10m,与水面距离肯定也大于10m,满足要求。在提升过程中平台垂向运动较小,到达最高点后会有较大幅度的运动;通过对比,112.5°浪向会使平台在最高处产生较大的垂向运动,需重点分析。

图5-58~图5-61为不同浪向临时桩导向架与运输船之间的距离随时间的变化曲线。

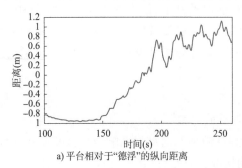

a) 平台相对于"德浮"的纵向距离

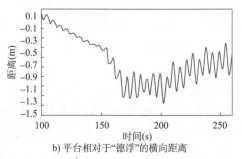

b) 平台相对于"德浮"的横向距离

图5-58 45°浪向临时桩导向架相对于"德浮"的距离随时间变化曲线

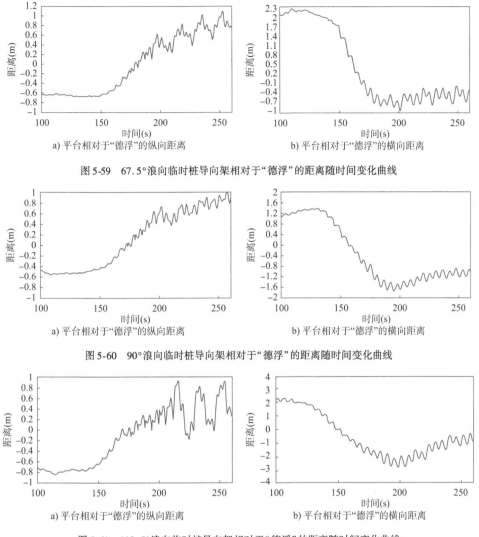

a) 平台相对于"德浮"的纵向距离   b) 平台相对于"德浮"的横向距离

图 5-59 67.5°浪向临时桩导向架相对于"德浮"的距离随时间变化曲线

a) 平台相对于"德浮"的纵向距离   b) 平台相对于"德浮"的横向距离

图 5-60 90°浪向临时桩导向架相对于"德浮"的距离随时间变化曲线

a) 平台相对于"德浮"的纵向距离   b) 平台相对于"德浮"的横向距离

图 5-61 112.5°浪向临时桩导向架相对于"德浮"的距离随时间变化曲线

在平台底部取一个参考点 1,在"德浮"甲板上取一个与参考点 1 的纵向(X)和横向(Y)坐标都相同的参考点 2,图 5-58～图 5-61 就是绘制了两点之间在沿船的纵向(X)和沿船的横向(Y)上的距离随时间的变化曲线。其中 100s 是开始提升的时间,直到平台底部脱离定位桩。由于实际中提升之前平台下架与船体是固定在一起的,并不会出现如图所示的提升时平台与船体产生相对位移的情况。为了验证平台下架与定位桩之间的作用,只需观察图 5-58 ～图 5-61 中距离在整个时间段的变化幅度。开始提升时平台与"德浮"相对位移 -0.7m,但是在 200s 时还未脱离定位桩,此时的相对位移达到了 0.4m 左右,该时间段两者之间运动了 1.1m,而沿船的横向,两者在此时间段内会发生 5m 左右的相对位移,是比较大的。其他图像也如此分析,这样我们可以看出不同浪向对平台的横向运动还是较大的;如果平台底部与定位桩之间的距离小于两者之间的相对位移,那么就要对定位桩进行全方面保护,或者更改运输方案,将定位桩与临时桩导向架分开布置。

图 5-62 为不同浪向临时桩导向架上端靠近"长大海升"最近点的运动随时间变化曲线，可以看出当提升到最大高度时，在112.5°和67.5°浪向下会产生较大的运动，尤其是112.5°方向的振幅比较大。但运动方向远离"长大海升"，而在提升开始时，平台会向"长大海升"运动0.5m左右，平台运动到最高处与"长大海升"吊臂最小距离不小于17m，结合船体运动，平台和吊臂之间满足不小于10m的要求。

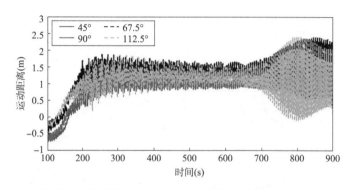

图 5-62　不同浪向临时桩导向架上靠近"长大海升"最近点的运动距离随时间变化曲线

图 5-63 为不同浪向下提升钢丝绳张力历时曲线，可以看出在吊离时和起吊完成后会产生较大的张力，所以施工过程中起重操作人员要和现场指挥人员密切联络，选择合适的提升速度和提升时间；还可以看出112.5°浪向下会产生较大的张力。

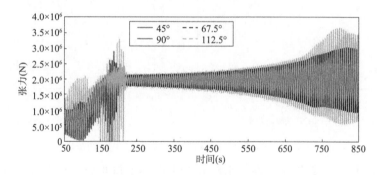

图 5-63　不同浪向下提升钢丝绳张力历时曲线

（3）重点海况分析

"长大海升"与"德浮"六自由度运动历时曲线如图5-64所示。

从图5-64可以看出，在高海况下船体的三个方向的平动较小，满足"长大海升"与"德浮"之间10m安全距离要求；对吊装影响较小，但是"德浮"在吊离阶段会出现较大横摇运动，"长大海升"产生较大的纵摇和艏摇运动，易产生与平台的碰撞，应尽量避免高海况，或者采取措施控制运动。

平台下端距"德浮"甲板距离历时曲线如图5-65所示。

图 5-66 为平台低端距运输船甲板之间的距离随时间变化的曲线。可以看出在此海况下，平台提升12.5m后，满足平台距离甲板10m的要求。图5-66中，选取平台运动到最高处

时所对应的吊臂上同高度的点为参照点,以平台上端距离"德浮"运输船最近的点为另一参考点,两参考点之间的距离随时间变化曲线即图5-67,可以看出两点距离最小为16.547m > 10m,可知在整个起吊过程中,满足要求。

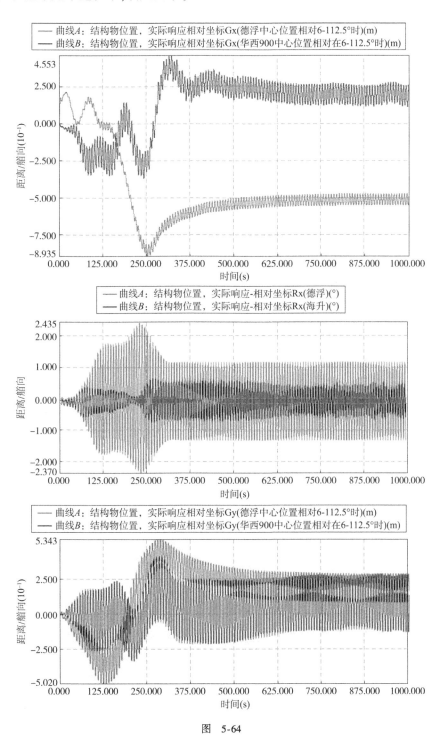

图 5-64

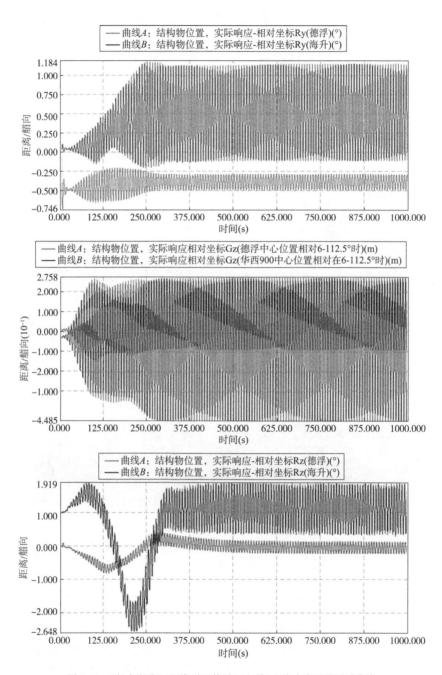

图 5-64 "长大海升"（蓝线）与"德浮"（红线）六自由度运动历时曲线

如图 5-67 所示，100s 开始提升，在 288s 基本完全离开定位桩，可以看出平台和"德浮"之间纵向和横向距离变化较大，相对位移较大，在该海况下要对定位桩进行保护或者改变运输方案。

图 5-68 为钢丝绳在起吊平台过程中的张力历时曲线，最大张力为 16520kN，每个主钩有 40 根吊索，钢丝绳的力为 $16520 \div 40 = 413(\text{kN}) < 1650\text{kN}$，满足要求。

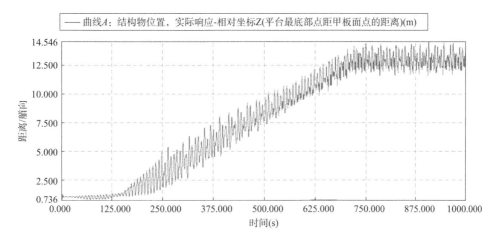

图 5-65 平台下端距"德浮"甲板距离历时曲线

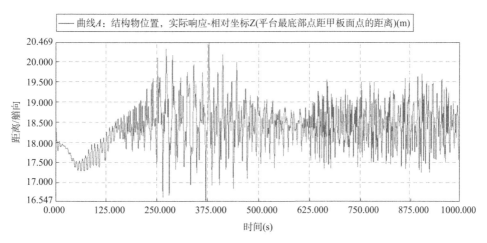

图 5-66 平台低端距运输船甲板之间的距离随时间变化的曲线

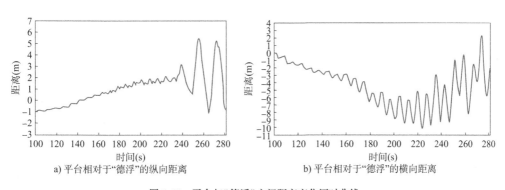

a) 平台相对于"德浮"的纵向距离   b) 平台相对于"德浮"的横向距离

图 5-67 平台与"德浮"之间距离变化历时曲线

2) 安全高度下移船

(1) 频域计算分析

本工况中频域计算结果与工况 1 相同,故不再赘述。

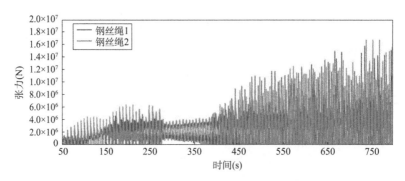

图 5-68 提升阶段钢丝绳张力历时曲线

（2）时域计算分析

本工况时域分析结果分为向西南方向移船与向东南方向移船两部分。

不同角度的风、浪、流作用下"长大海升"时间-位移曲线、时间-角位移曲线如图 5-69 ~ 图 5-72 所示。

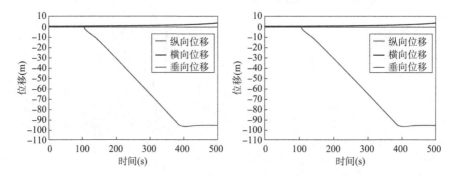

图 5-69 45°（左）与 67.5°（右）风、浪、流作用下"长大海升"时间-位移曲线

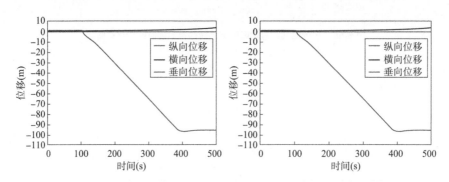

图 5-70 90°（左）与 112.5°（右）风、浪、流作用下"长大海升"时间-位移曲线

从图 5-69、图 5-70 中可以看出，在系泊绳的牵引下，船舶几乎匀速地向目标位置移动，纵向、横向、垂向位移过程中振荡的幅值都相当小。角位移方面，从图 5-71、图 5-72 可以看出，在几个高概率海况下，船舶横摇与纵摇幅值都相当小，说明向西南方向移船过程中，不会产生严重的响应；艏向角产生了一定了偏差，这是由于仿真系统无法根据当前艏向角情况实时进行相应的调整，此情况可以通过独立调节各绞锚机绞锚速度来解决，因此艏向角位移不

具有较大指导意义。

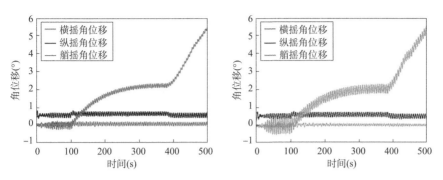

图 5-71　45°(左)与 67.5°(右)风、浪、流作用下"长大海升"时间-角位移曲线

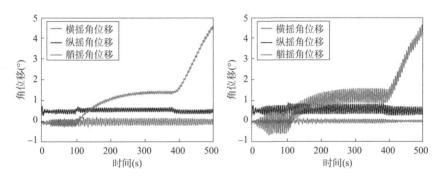

图 5-72　90°(左)与 112.5°(右)风、浪、流作用下"长大海升"时间-角位移曲线

在此阶段移船过程中,需要我们关注临时桩导向架与"长大海升"起重臂之间的安全距离,以及临时桩导向架距离海平面之间的间距。不同角度风、浪、流作用下关键参数校核如图 5-73、图 5-74 所示。

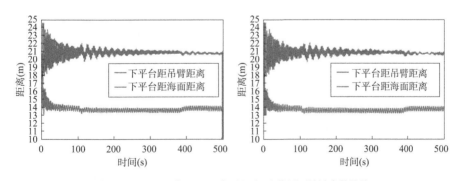

图 5-73　45°(左)与 67.5°(右)风、浪、流作用下关键参数校核

从图 5-73、图 5-74 中可以看出,在此 4 个高概率海况下,临时桩导向架与吊臂间的距离在向西南方向的移船过程中始终保持在 19m 以上,可以满足平台起吊后水平方向与臂架的安全距离大于 10m 的要求,而临时桩导向架底端距离海平面的距离始终可以保持在 12m 以上,也可以满足水面起升高大于 10m 的要求。

向东南方向移船过程中的位移情况如图 5-75、图 5-76 所示。

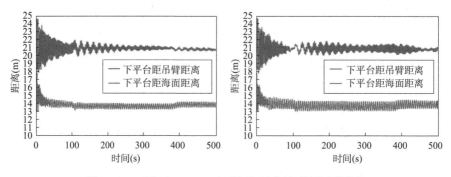

图5-74 90°(左)与112.5°(右)风、浪、流作用下关键参数校核

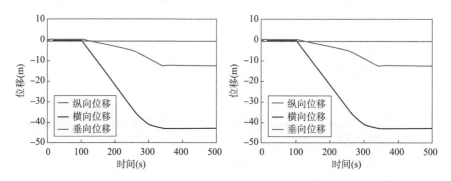

图5-75 45°(左)与67.5°(右)风、浪、流作用下"长大海升"时间-位移曲线

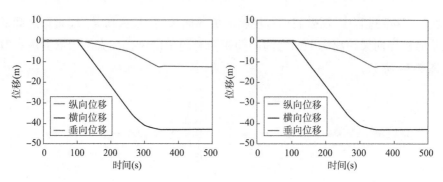

图5-76 90°(左)与112.5°(右)风、浪、流作用下"长大海升"时间-位移曲线

与向西南方向移船类似,从图5-75、图5-76中可以看出,在系泊绳的牵引下,船舶能几乎匀速地向目标位置移动,纵向、横向、垂向位移过程中振荡的幅值都相当小,也是由于不能完全模拟绞锚调整,产生了一些纵向位移,在实际施工中也可以通过独立调节各绞锚机绞锚速度来解决这一问题。而角位移方面,从图5-77、图5-78可以看出,在几个高概率海况下,船舶横摇与纵摇幅值都相当小,说明向西南方向移船过程中,不会产生严重的响应;艏向角产生一定的偏差,同样是由于仿真系统无法根据当前艏向角情况实时进行相应的调整,此情况在实际施工中也可得到解决。在此阶段移船吊装过程中,同样关注临时桩导向架与"长大海升"起重臂之间的安全距离以及临时桩导向架距离海平面之间的间距。

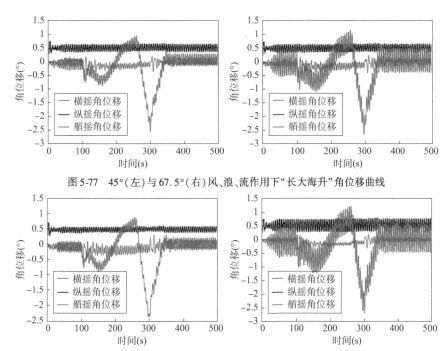

图5-77　45°(左)与67.5°(右)风、浪、流作用下"长大海升"角位移曲线

图5-78　90°(左)与112.5°(右)风、浪、流作用下"长大海升"角位移曲线

不同角度风、浪、流作用下关键参数校核如图5-79、图5-80所示。

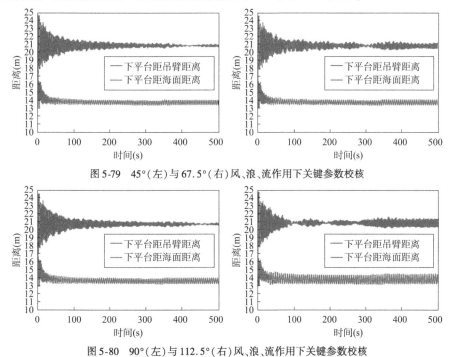

图5-79　45°(左)与67.5°(右)风、浪、流作用下关键参数校核

图5-80　90°(左)与112.5°(右)风、浪、流作用下关键参数校核

从图5-79、图5-80中可以看出,在此4种高概率海况下,向东南方向移船过程中,临时桩导向架与吊臂间的距离在向西南方向的移船过程中始终保持在19m以上,可以满足平台起吊后水平方向与臂架的安全距离大于10m的要求,而临时桩导向架底端距海平面的距

离始终可以保持在12m以上,也可以满足水面起升高大于10m的要求。

3)下水过程

(1)频域分析

各浪向下不同船舶的运动响应算子如图5-81所示。

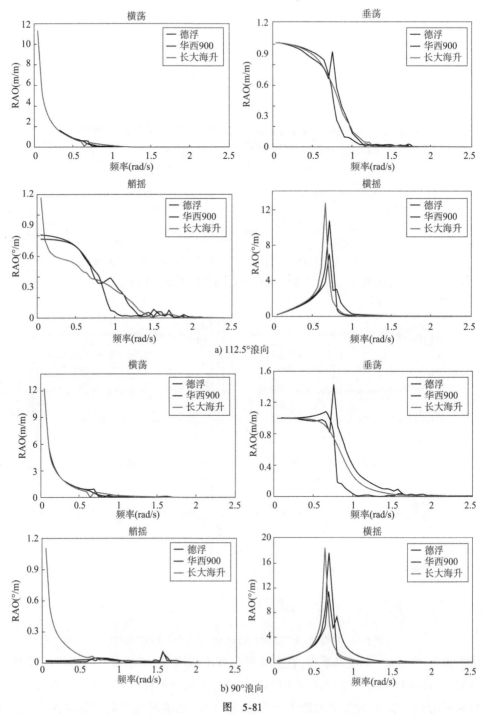

图 5-81

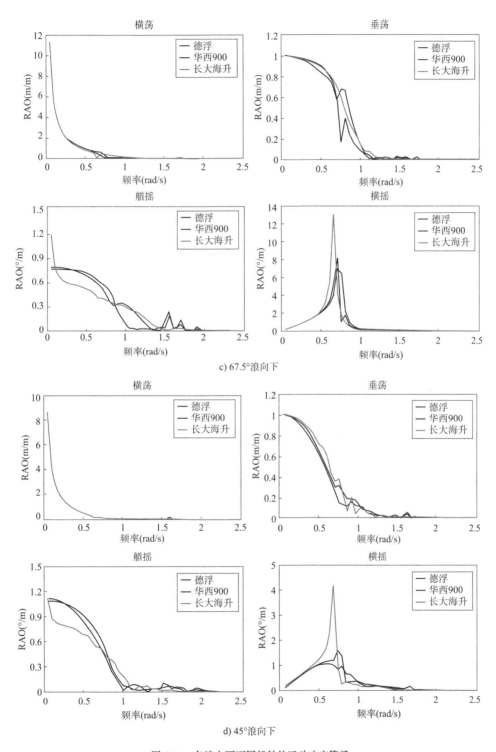

图 5-81　各浪向下不同船舶的运动响应算子

（2）时域计算结果

各浪向临时桩导向架的运动状态如图 5-82 所示。

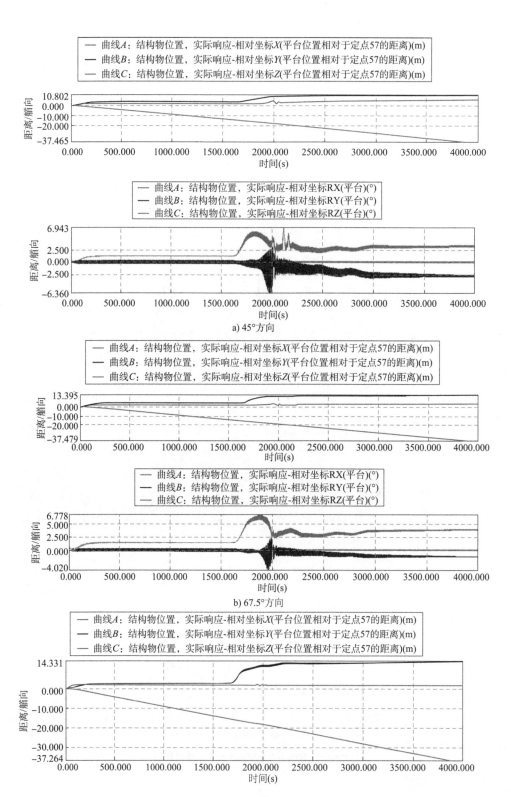

图 5-82

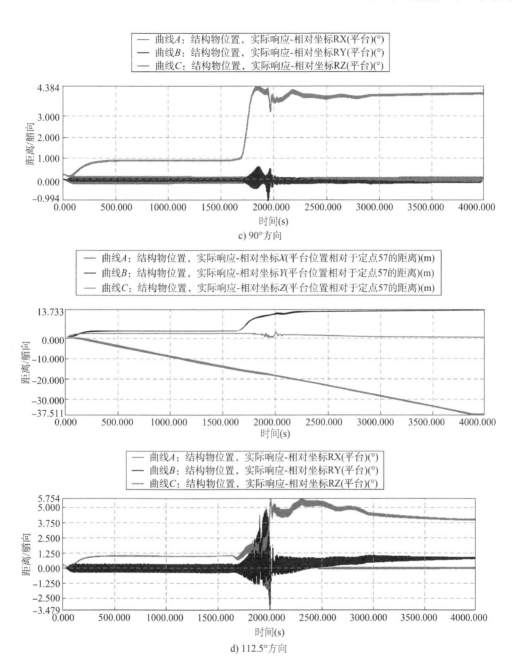

图 5-82　各浪向临时桩导向架的运动状态

从图 5-82 中可以看出,平台在 4000s 时间内向下运动 37.511m,基本符合设计下降高度 38m;在 1700s 之前其他自由度相对稳定,1700s 后平台入水,各自由度运动由于水流力的作用产生一定波动,且在不同方向的风、浪、流作用下产生的偏移不同,在 90° 方向下,平台横荡方向偏移最大达到 14.331m,在 45° 方向艏摇偏转最大达到 6.943°,在 112.5° 方向纵摇偏转最大达到 5°;对于纵荡和横摇产生的影响较小,运动始终很小;在入水之后 1300s,各自由度的运动又重新稳定下来。

5.4.3　导管架吊装分析

导管架吊装平面布置图如图 5-83 所示,导管架吊装 ANSYS-AQWA 计算模型图如图 5-84 所示。

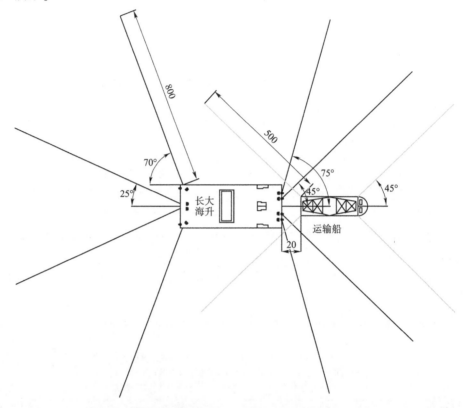

图 5-83　导管架吊装平面布置图(尺寸单位:m)

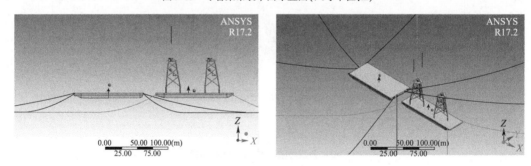

图 5-84　导管架吊装 ANSYS-AQWA 计算模型图

1)起吊分析

(1)频域计算分析

船舶幅值响应算子(RAO)如图 5-85 所示。

(2)时域验证

垂荡、横摇方向时域验证如图 5-86、图 5-87 所示。

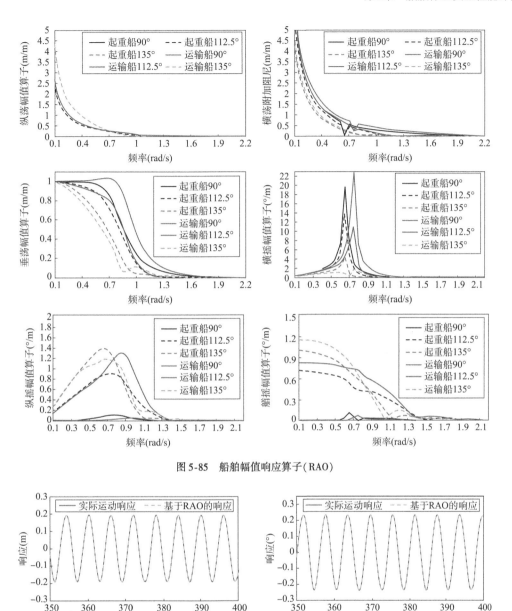

图 5-85　船舶幅值响应算子（RAO）

图 5-86　垂荡方向时域验证　　　　　图 5-87　横摇方向时域验证

由上述结果可以看出,基于频域的 RAO 响应与时域响应重合度极高,通过这两个方向的验证可以说明时域模型具有良好的精度,为后续吊装分析打下了基础。

（3）时域计算分析

起重船、运输船运动响应曲线分别如图 5-88、图 5-89 所示。

在 450s 之前,计算的结果是限位工装切除后整个系统的响应,此阶段,船舶和导管架会在初始位置基础上发生一定的位移,达到新的平衡,因而 450s 之前的阶段船体运动响应参考意义价值不大。

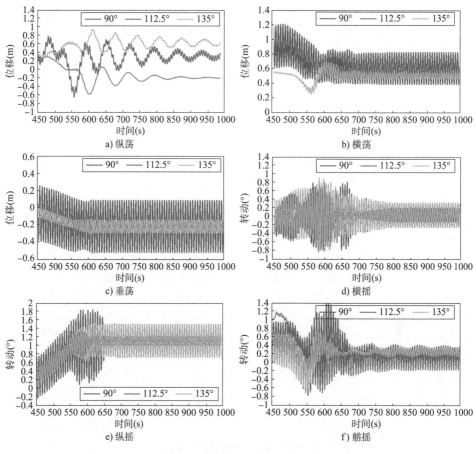

图 5-88　起重船运动响应曲线

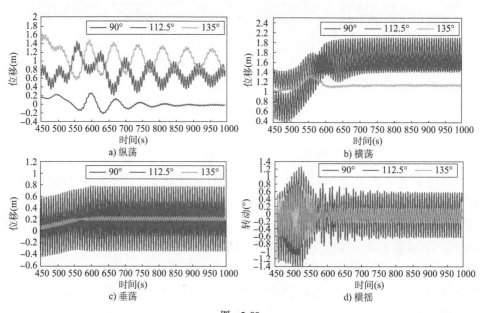

图　5-89

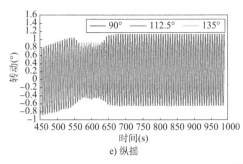
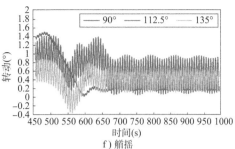

e) 纵摇　　　　　　　　　　　　　f) 艏摇

图 5-89　运输船运动响应曲线

从船舶运动响应中可以看出,不同浪向下船舶的平衡位置是不同的,但是运动规律是相同的。在 450 ~ 550s 的时间段是导管架重量转移阶段,在重量完全转移后会有一段时间导管架还会和运输船发生碰撞,之后就完全脱离运输船,此时船体会有一个新的平衡位置。

从两艘船的运动上看出,在导管架重量转移完成到导管架完全脱离运输船的这段时间内,船舶的运动响应较大。两艘船的纵荡在 112.5° 环境海况下运动最大,起重船最大运动偏移较大,经过了一定的时间,振动幅值都在 0.2m 以内。起重船横荡运动位移最大变化了 0.5m,运输船横向位移变化较大,在 90° 环境海况下变化了大约 1.2m,而振荡幅度在 90° 环境荷载下最大,最大值起重船为 0.4m,运输船为 0.7m。垂荡运动响应在 90° 环境下最大,起重船最大振荡幅度在 0.6m 左右,运输船振荡幅度较大,最大在 1.2m 左右。

对于三个方向的转动,起重船三个方向的转动在重量转移阶段响应最大,但转动角度都在 2° 以内,其中 112.5° 和 135° 环境荷载产生的横摇转动较大;在重量转移阶段,112.5° 环境荷载产生的纵摇最大;起重船的艏摇运动在重量转移阶段 112.5° 环境荷载作用下最大,而在空中提升阶段,90° 环境荷载作用下转动最大,都在 2° 以内。运输船的横摇运动在 90° 环境荷载下响应最大,在重量转移阶段,转动幅度接近 3°;运输船纵摇响应在 112.5° 环境荷载下最大,转动幅度在 2° 左右;运输船艏摇运动在 112.5° 环境下最大,最大转动在 1° 左右。

(4)导管架运动响应

对于导管架的运动可以分成三个阶段分析,第一阶段是重量转移阶段,该阶段不同环境荷载作用下的运动幅度较小,但存在明显的方向性;135° 环境荷载方向下,导管架的纵荡运动较大,在 1m 左右;90° 环境荷载方向下,导管架的横荡运动较大,在 1m 以内;而对于导管架的垂荡运动,112.5° 的环境荷载下运动最大,在 1.5m 以内。第二阶段是重量转移完成后的短期碰撞阶段,该阶段导管架会与甲板之间发生碰撞,该阶段导管架的运动响应是最大的,尤其是在 112.5° 环境荷载的作用下,该阶段纵荡达到 3m 左右,横荡最大 5m 左右,垂荡在 3m 左右。第三阶段是空中提升阶段,该阶段导管架会产生一个新的平衡位置,135° 环境荷载下会产生更大的纵荡运动响应,纵荡幅度在 1m 以内,而不同环境荷载对导管架的横荡影响不是很大,都在 2m 左右;相对于 135° 和 112.5°,90° 环境荷载方向下导管架的垂向运动最小,三种海况下,导管架最大的垂荡幅度在 0.5m 左右。

为了得到导管架与运输船限位工装(支撑)之间的距离,对结果进行了整理,以导管架底部相对于支撑顶部的距离为参数,得出图 5-90,图中出现负值是由于起吊之前的平衡位置和人为初始设定的位置不同,认为初始设定位置两者之间的距离应该是 0m,但是 ANSYS-AQWA 计算时需要找到一个稳定的平衡位置,起吊时两者之间为负值说明平衡位置与初始设定位置有差距。由图 5-90 可以看出 112.5°的环境荷载方向下最小距离是较小的,比较危险,90°和 135°方向下差别不大,在最高的位置,两者之间距离都大于 3m,满足挪威船级社 DNV DNVGL-ST-N001 标准要求。

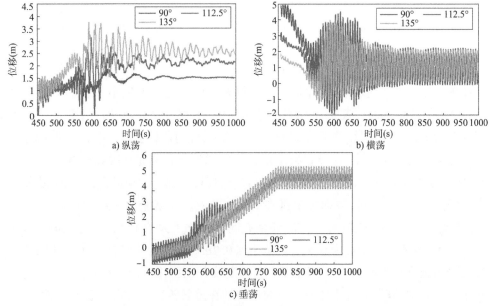

a) 纵荡   b) 横荡

c) 垂荡

图 5-90　导管架运动响应曲线

2)导管架翻身

(1)计算模型

导管架翻身 ANSYS-AQWA 计算模型如图 5-91 所示,吊索布置如图 5-92 所示。

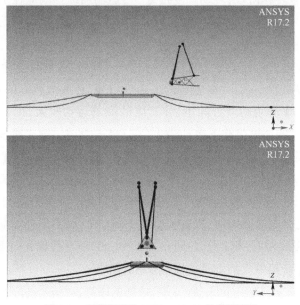

图 5-91　导管架翻身 ANSYS-AQWA 计算模型图

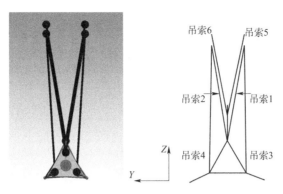

图 5-92 吊索布置图

（2）频域计算分析

单一起重船 RAO 计算结果如图 5-93 所示。

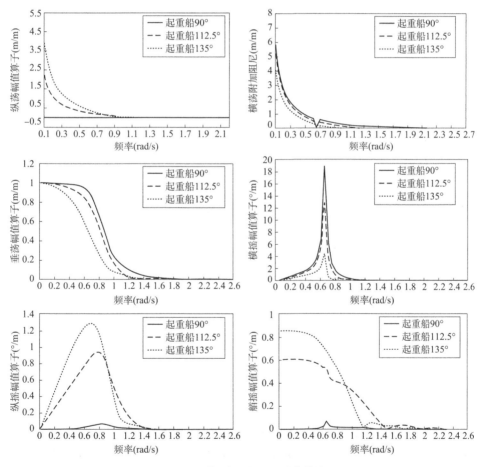

图 5-93 单一起重船 RAO 计算结果

（3）时域计算分析

通过模拟整个翻身过程,得到相关结果图（图 5-94）。

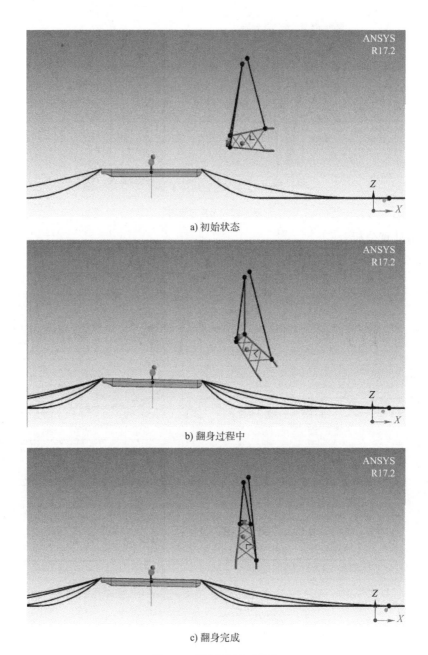

a) 初始状态

b) 翻身过程中

c) 翻身完成

图 5-94　导管架翻身过程图

　　此过程中的起重船的平动位移(纵荡、横荡和垂荡)、转动角度(横摇、纵摇和艏摇)情况如图 5-95 所示。关于起重船的运动情况,从图 5-95 中可以看出,纵向、横向、垂向位移过程中振荡的幅值都相当小,在 1m 以内,纵荡在 0.5m 以内;而转动方面,在这三个高概率海况下,船舶摇动幅值较小,在 1°以内。整个过程起重船的运动较平稳,从三个自由度的转动结果看出,在 400s 和 1500s 左右,运动会有一个突变,这是由吊索的突然启动和突然停止造成的,实际作业中不会出现这种情况。

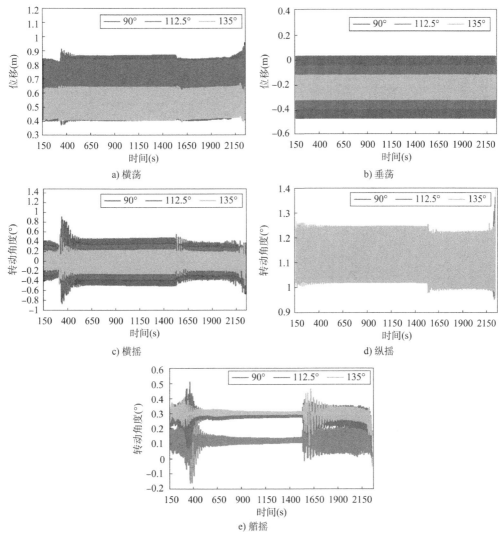

图 5-95 起重船运动响应曲线

（4）导管架运动响应

在导管架翻身过程中导管架纵向转动 90°，主要关注其水平方向的运动以及整个导管架的纵向翻身过程，对计算结果进行整理后，得到图 5-96。开始一段时间导管架的运动不平稳，400s 之后，导管架运动逐渐平稳。关注 400s 之后的导管架运动，从图 5-96a）、b）中看出，导管架的平动幅度是很小的，纵荡在 1m 以内，横荡在 2m 以内，在 1500s 左右，导管架运动产生了突变，这是由于尾部吊索的突然停止导致的，实际作业中可对吊索收放进行调节，避免出现突停现象。从图 5-96c）中看出，导管架从平卧状态慢慢翻身到 90° 竖直状态，整个过程较为平稳。

3）安全高度下移船

由于导管架及钢管桩属于细长杆件结构，因而在本模型中通过 Morison 单元建立导管架及钢管桩模型,并且利用固结点设置将钢管桩固定于海底。

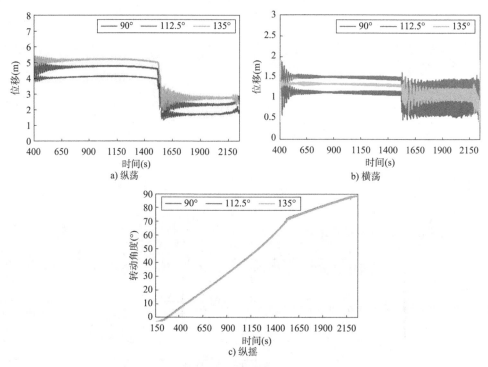

图 5-96 翻身过程中导管架运动响应曲线

(1)起重船运动响应

起重船移船过程中运动响应曲线如图 5-97 所示。

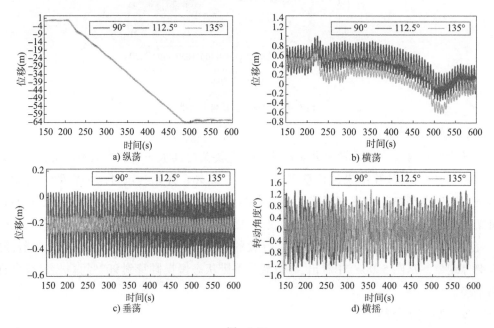

图 5-97

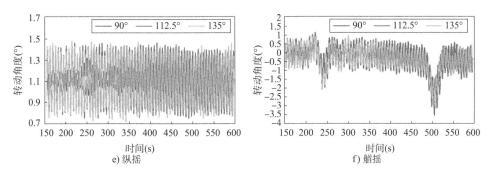

e) 纵摇　　　　　　　　　　　　　f) 艏摇

图 5-97　起重船移船过程中运动响应曲线

关于"长大海升"的运动情况,从图 5-97 中可以看出,在系泊绳的牵引下,船舶能接近匀速地向目标位置移动,纵向、横向、垂向位移过程中振荡的幅值都相当小,在 1m 以内。而转动方面,在这三个高概率海况下,船舶横摇与纵摇幅值较小,在 3° 以内,说明向船尾方向移船过程中,不会产生过大的运动响应。

从整个过程来看,在 200s 开始进行收放锚链,到 500s 左右时停止,由于 ANSYS-AQWA 不能模拟缓慢减速和加速的过程,所以在开始收放锚链和停止时,由于速度的突变,会使得起重船"长大海升"产生不规律的较大运动响应,但实际中速度是缓慢变化的,所以不会出现此现象。

(2) 导管架运动响应

对于移船过程中导管架的运动,主要关注其水平方向的运动以及导管架和运输船之间的安全距离,对计算结果进行整理后,得到图 5-98。

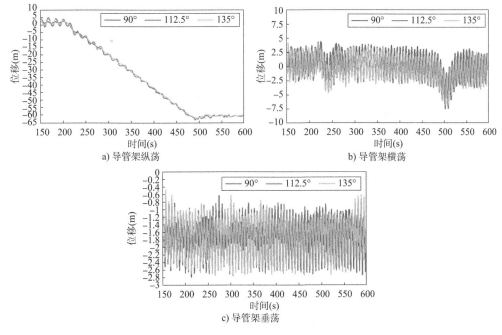

a) 导管架纵荡　　　　　　　　　　b) 导管架横荡

c) 导管架垂荡

图 5-98　移船过程中导管架响应曲线

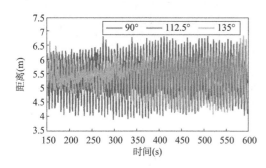

图 5-99　移船过程中导管架底部与
运输船支撑之间的距离

关于导管架的运动情况，从图 5-98 中可以看出，在这三个高概率海况下，导管架的纵荡幅值较大，在 1m 左右；三个高概率海况下导管架的横荡运动差别不大，振荡幅度最大 5m 左右；而 135°和 112.5°会产生较大的垂荡运动，在 3.6m 左右。

为了判定导管架在移船过程中导管架底部与运输船支撑的垂向距离，对结果进行整理得到图 5-99。考虑限位工装（支撑）高度是 0.6m，从图 5-99 可以看出，在整个移船过程中导管架底部与运输船支撑之间的距离都是大于 3m 的，满足挪威船级社 DNV 规范的要求。

4）下放对接过程

本标题下的内容包括计算三桩导管架下放并与海底钢管桩对接过程，共建立导管架、起重船、钢管桩三个结构。将整个过程分为下放至钢管桩顶部过程和与钢管桩对接过程，建立模型如图 5-100 和图 5-101 所示。对接前阶段导管架初始设置距离水面 8m，对接阶段设置导管架初始距离钢管桩顶 2.5m。

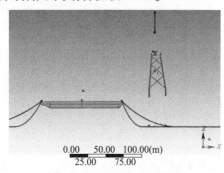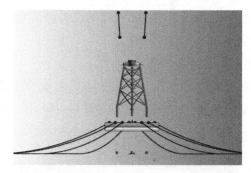

图 5-100　下放阶段计算模型

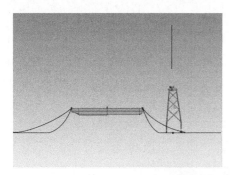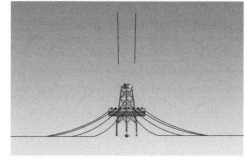

图 5-101　对接阶段计算模型

由于导管架及钢管桩属于细长杆件结构，因而在本模型中通过 Morison 单元建立导管架及钢管桩模型，并且利用固结点设置将钢管桩固定于海底。

（1）频域计算

经频域计算得到起重船垂荡、横摇、纵摇和艏摇在三个不同计算方向上 RAO 如图 5-102

所示,可以看出 90°、112.5°、135°三个方向上垂荡 RAO 相差不大,纵摇和艏摇 RAO 在 112.5°和135°方向上较大,横摇 RAO 则在 90°方向上较大。

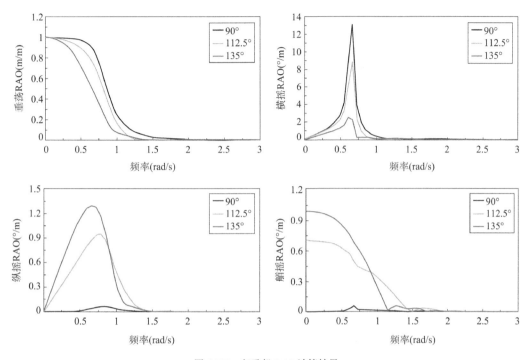

图 5-102　起重船 RAO 计算结果

(2)时域运动分析

在90°风、浪、流条件下,对接前起重船运动响应如图 5-103 所示。由于 90°海况条件的作用,其横荡方向初始位移偏大,而垂荡方向由于导管架重量作用初始产生一定的下降,200s 之后趋于稳定,横荡、纵荡、垂荡运动幅值在 1m 以内,而起重船横摇、纵摇、艏摇均较小,运动幅值在 1°以内。导管架下放过程主要对起重船纵荡和艏摇运动产生一定影响。对接后起重船六自由度运动幅值均较小,如图 5-104 所示。

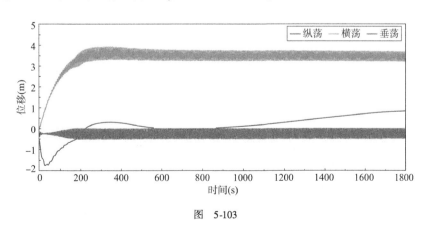

图　5-103

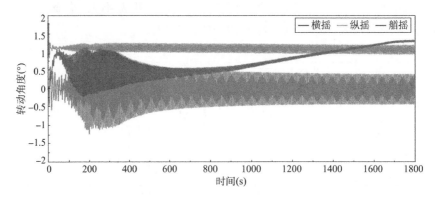

图 5-103　对接前起重船 90°海况条件下运动响应

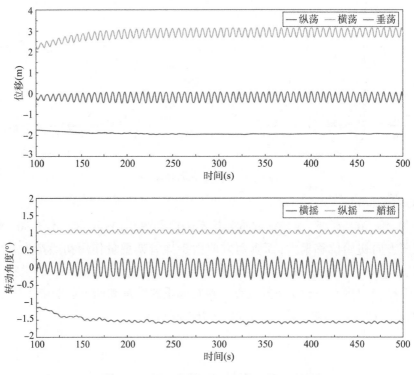

图 5-104　对接后起重船 90°海况条件下运动响应

在 112.5°风、浪、流条件下,对接前起重船运动响应如图 5-105 所示。由于 112.5°海况条件的作用,其横荡方向初始位移偏大,但小于 90°方向海况条件下偏移值。垂荡方向由于导管架重量作用初始产生一定的下降,200s 之后同样趋于稳定,横荡、纵荡、垂荡运动幅值在 0.5m 以内,起重船横摇、纵摇、艏摇均较小,运动幅值在 1°以内。对接后起重船运动响应如图 5-106 所示,可以看出其运动幅值同样很小。

在 135°风、浪、流条件下,对接前起重船运动响应如图 5-107 所示。相较于其他两个方向的海况条件,起重船稳定,横荡、纵荡、垂荡运动幅值最小,横摇、纵摇、艏摇均较小,运动幅值在 1°以内。对接后运动响应如图 5-108 所示。

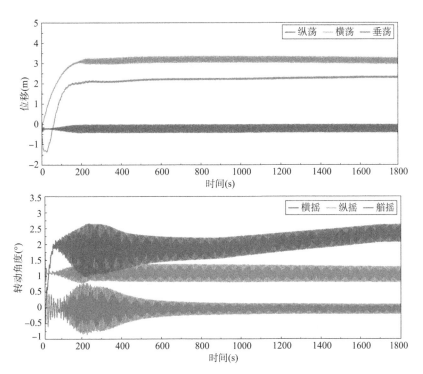

图 5-105 对接前起重船 112.5°海况条件下运动响应

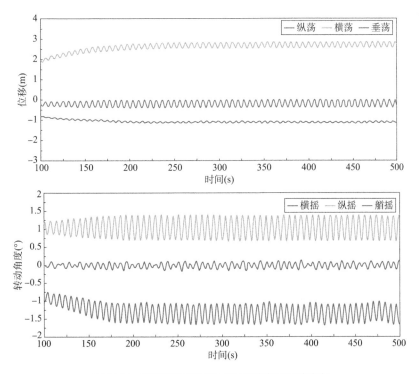

图 5-106 对接后起重船 112.5°海况条件下运动响应

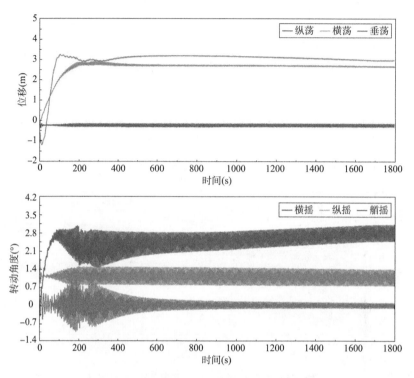

图 5-107 对接前起重船 135°海况条件下运动响应

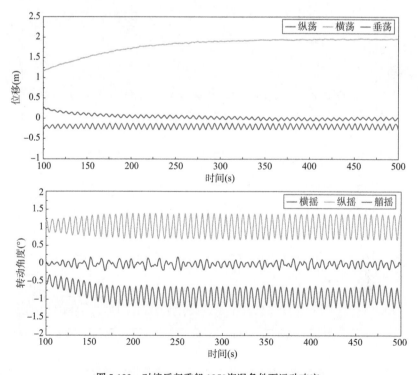

图 5-108 对接后起重船 135°海况条件下运动响应

在90°海况条件下导管架下放至钢管桩顶前运动响应如图5-109所示,可以看出在初始一段时间内导管架运动波动较大,特别是在横摇、纵摇和艏摇方向。这是由于90°海况条件下起重船本身位移较大,同时导管架本身受到90°方向风和流的作用,但在400s后趋于稳定,横荡与纵荡方向运动幅值在0.5m以内,垂荡方向在200s后稳定以0.02m/s速度下降。导管架下放至钢管桩顶后运动响应如图5-110所示,在整个过程中运动较为稳定。

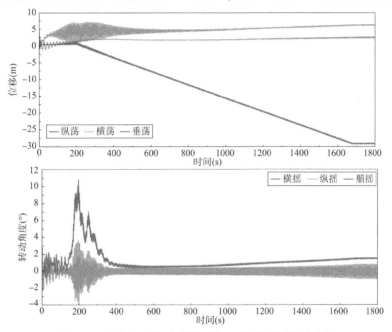

图5-109　导管架下放至钢管桩顶前90°海况条件下运动响应

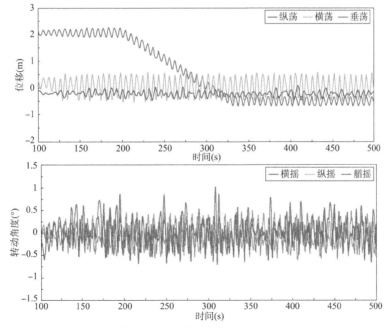

图5-110　导管架下放至钢管桩顶后90°海况条件下运动响应

在 112.5°海况条件下导管架下放至钢管桩顶前运动响应如图 5-111 所示,同 90°方向一样,各自由度运动在一段时间后趋于稳定,垂荡方向则以稳定速度下降,艏摇方向运动幅值相较 90°方向较大,幅值在 2°范围内。导管架下放至钢管桩顶后运动响应如图 5-112 所示,可以看出此方向对接过程垂向幅值较大,在 1m 以内。

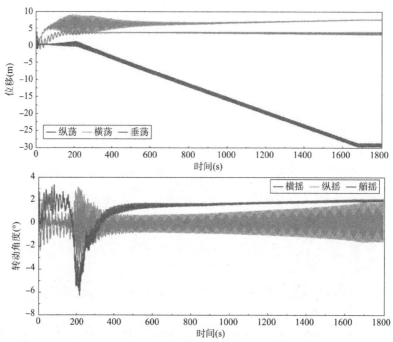

图 5-111　导管架下放至钢管桩顶前 112.5°海况条件下运动响应

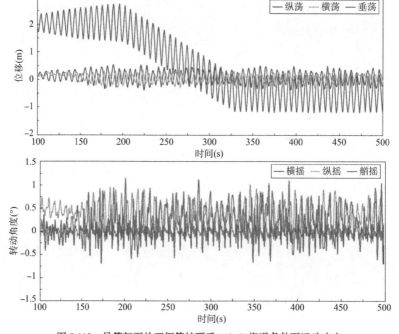

图 5-112　导管架下放至钢管桩顶后 112.5°海况条件下运动响应

在135°海况条件下导管架下放至钢管桩顶前后运动响应如图5-113和图5-114所示,该方向导管架运动响应与112.5°方向下运动基本相同。

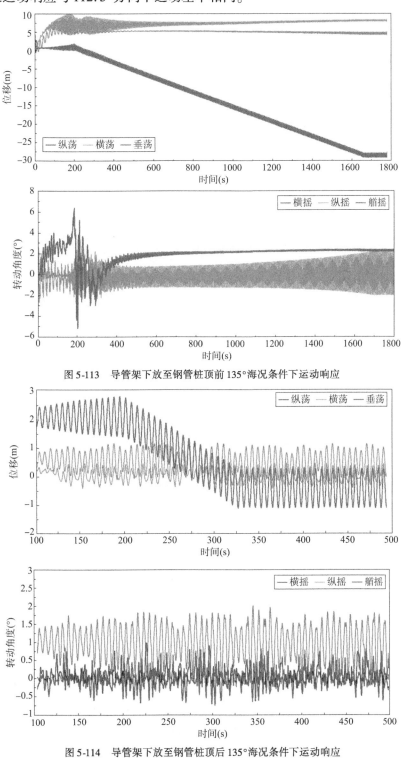

图5-113 导管架下放至钢管桩顶前135°海况条件下运动响应

图5-114 导管架下放至钢管桩顶后135°海况条件下运动响应

5.5 船舶作业安全性能过程分析结论

5.5.1 工程桩施工平台吊装结论

本节选取周期7s、波高1.5m的波浪环境,以及0.75m/s的流速、10m/s的风速,对工程桩施工平台起吊过程进行了计算分析,得出了船舶的运动响应,工程桩施工平台的运动和位移,以及平台与运输船和碰撞力和吊绳张力。在此种系泊状态下,船舶的运动较小,施工时主要关注起重船的纵摇和垂荡,运输船的横摇和垂荡,由于平台的重量转移,运输船的垂荡以及起重船的纵摇和垂荡变化较大,在工程桩施工平台吊离甲板阶段要对运输船的垂向运动和横摇进行调节控制,同时要调节起重船的纵摇运动。

根据碰撞力和钢丝绳张力的结果,靠近"长大海升"的两个支撑受力较小,两条钢丝绳受力较大;远离"长大海升"的两个支撑受力较大,两条钢丝绳受力较小。工程桩施工平台会有绕 Y 轴的转动,需要对运输船和平台底部进行保护措施。由于工程桩施工平台具有较大的质量,所以不宜采用较大的提升速度,本计算选取0.02m/s的提升速度。

工程桩施工平台在与运输船作用阶段会产生一定的水平位移,所以在该过程中尽量控制运输船的水平移动,通过缆绳控制平台的运动,以避免工程桩施工平台与其他结构相碰撞。在整个过程中工程桩施工平台的运动振幅较小,对安全施工影响较小。工程桩施工平台在提升的过程中与"长大海升"吊臂之间的距离满足施工要求。

5.5.2 临时桩导向架吊装结论

在起吊过程中,平台调离甲板到脱离定位桩的过程中,不同浪向对于平台与"德浮"的纵向相对距离随时间的变化影响不大,但是对横向相对距离影响较大,而且在112.5°浪向下两者之间距离的变化较大,其他浪向下横向距离也在 $1\sim2m$。如果平台下部与定位桩之间距离过小,而且在起吊过程中平台会产生垂向运动,虽然不大但是由于纵向和横向的运动,很有可能与定位桩相碰撞,建议加强对定位桩的保护或者采取临时桩导向架与定位桩分开布置的运输方案。

船体的运动在各个浪向下基本较小,平台与"长大海升"吊臂之间、"长大海升"与"德浮"之间以及平台与"长大海升"吊臂之间的安全距离都满足要求。重点关注112.5°常浪向,该浪向也就是实际的ESE方向,该方向的运动响应较大,建议在满足平台的安装位置情况下可以稍微改变船体的布置方向。

对"长大海升"将临时桩导向架吊升至指定高度后,通过绞锚的方式向西南方向与东南方向移船的过程进行了仿真计算。通过经验公式确定了风、流系数,从而考虑到了风、浪、流三者的耦合作用。从仿真结果可以看出,在实际工程中,通过合理调节绞锚机,可以很好地按指定要求完成移船操作。"长大海升"六自由度的运动响应都在可接受的范围内。在移船过程中,还重点关注了"长大海升"六自由度运动响应以及临时桩导向架在操作过程中所需要考量的两个关键参数:平台起吊后水平方向与臂架的安全距离大于10m,水面起升高度大于10m。从仿真结果来看,这两项要求都可以完全满足,且有较大的裕度。整体而言,移船工况的可行性很高。

平台起吊后水平方向与臂架的安全距离大于10m,水面起升高度大于10m这两项要求都可以完全满足,且有较大的裕度。总的来说,总体工况可行性很高。

5.5.3　导管架吊装结论

在起吊过程中,船舶的运动较小,施工时主要关注起重船的纵摇和垂荡,以及运输船的纵摇和垂荡,由于导管架的重量转移,运输船的垂荡、纵摇以及起重船的纵摇和垂荡变化较大,在导管架吊离甲板阶段要对运输船的垂向运动和横摇进行调节控制,同时要调节起重船的纵摇运动。根据碰撞力和吊索张力的结果,吊索张力没有超过破断力 2.7379×10^4 kN,较为安全,但是在导管架重量完全转移后,即脱离运输船阶段,吊索张力显著,从碰撞力也可看出该阶段存在一定风险,建议可以适当提升起吊速度。导管架在与运输船作用阶段会产生较大的水平位移,横向位移最大可达5m,这与风浪流的方向有关,也可能是由于吊索简化建模所致,所以在该过程中尽量控制运输船的水平移动,通过缆绳控制导管架的运动,以避免导管架与其他结构相碰撞。导管架提升5m后与运输船之间的距离都大于3m,满足要求,该吊高合理。

导管架翻身过程中,起重船的运动稳定,由于没有办法完全模拟实际中收放吊绳操作,所以在吊绳的突然启动和突然停止时,导管架会产生较大的运动,通过吊索作用在起重船上,起重船也会产生一个较大的运动,但是整体来看,起重船的运动较小,平动可以控制在1m以内,转动在1°以内。导管架的运动除了在突停时有较大的运动幅度外,其他情况下运动都较小,在2m以内。系泊线受力稳定,没有超过最大破断力。

第6章
大直径超长钢管桩沉桩施工技术

6.1 地质条件

风电场场区位于阳西县沙扒镇以南海域,施工海域宽阔,场区内未见岛屿分布,水深范围为24～28m,地形整体上呈西北高东南低的形态。风电场覆盖层按其成因类型共分为4大类15层,主要包括全新统海相沉积层(Q_{4m})、全新统海陆过渡相沉积层(Q_{4m+al})、晚更新统海陆交互相沉积层(Q_{3m+al})和第四系残积黏性土层(Q_{el}),下伏基岩为花岗岩,场区覆盖层厚度从北向南逐渐增大。场区工程岩土体分层详见表6-1。

场区工程岩土体分层　　　　　　　　　　　　表6-1

层号	土层名称	土壤类型	层厚(m)	实测标贯试验击数(击)	地层时代及成因
①₁	淤泥(流塑)	软土	2.30～5.90	12	全新统海相沉积层
①₂	淤泥质土(流塑)		4.70～9.90	4～8,平均6.2	
①₃	淤泥混粗砂(松散)	砂土	2.60	5	
②₁	黏土(软塑)	黏性土	1.10～8.00	7～14	全新统海陆过渡相沉积层
②₂	黏土(可塑)		2.50～6.40	7～12	
②₃	粉砂(稍密-中密)	砂土	4.10	11～13	
②₄	细砂(稍密-中密)		3.20	10～11	
②₅	中砂(中密)		3.20～3.50	27～29	
②₆	粗砂(中密)		1.20～6.60	11～37	
②₇	砾砂(中密)		1.80～5.70	21～38	
④₁	砂质黏性土(硬塑)	黏性土	3.70～13.40	22～39	残积层
⑥₁	全风化花岗岩	风化岩	1.90～20.50	40～50	花岗岩
⑥₂	强风化花岗岩		0.90～9.90	71～75	
⑥₃	中等风化花岗岩		5.40～16.60		
⑥₄	微风化花岗岩		4.90～15.40		

场区各岩土层桩基设计参数推荐值详见表6-2。

场区各岩土层桩基设计参数推荐值 表6-2

土层名称	桩的极限侧摩阻力的标准值 q_f（打入桩/灌注桩）（kPa）	桩的极限端阻力的标准值 q_R（打入桩/灌注桩）（kPa）	水平抗力系数的比例系数 m（打入桩/灌注桩）（MN/m⁴）	抗拔系数 λ
淤泥	3～12	—	2～2.5/2～3	0.70
淤泥质土	6～14/4～10	—	2.5～3/2.5～3.5	0.70
淤泥质粗砂	12～24/10～20	—	3.5～4.5/3～4	0.50
黏土	20～46/18～42	—	4～5/3.5～4.5	0.70～0.72
黏土	40～55/37～50	—	6～7/5.5～6.5	0.70～0.72
粉砂	38～60/35～55	—	7～8/6～7	0.50～0.53
细砂	42～70/38～62	—	8～10/7～9	0.50～0.53
中砂	46～64/40～56	—	10～12/9～11	0.50～0.53
粗砂	60～76/54～70	—	11～14/10～13	0.50～0.53
砾砂	70～85/62～72	—	—/30～32	0.50～0.53
砂质黏性土	88～95/70～85	2800～3100/1500～1600	10～12/9～11	0.72～0.75
全风化花岗岩	140～160/120～130	5000～6000/1600～1800	—	0.72～0.75
强风化花岗岩	200～240/160～180	8000～9500/2000～2300	—	0.75
中等风化花岗岩	饱和单轴抗压强度：20～30MPa			
微风化花岗岩	饱和单轴抗压强度：40～60MPa			

6.2 大直径钢管桩设计及制造

6.2.1 钢管桩接长段设计

为满足水上嵌岩施工需要,对设计图纸中的钢管桩进行接长,接长后长度为"平台面高程 – 设计桩底高程 + 预留长度",如图6-1所示。

6.2.2 管式吊耳

在接长段桩顶一下3.5m处的对称布置一组管式吊耳(2个),用于翻身立桩。钢管桩管式吊耳结构如图6-2a)所示。

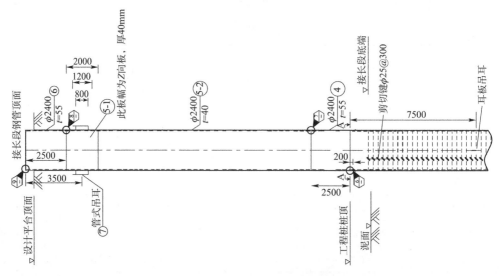

图 6-1　钢管桩接长后示意图(尺寸单位:mm)

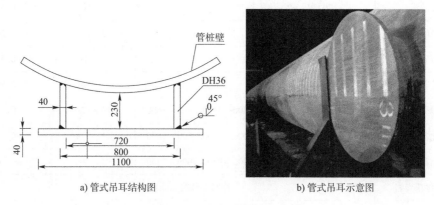

a) 管式吊耳结构图　　　　b) 管式吊耳示意图

图 6-2　钢管桩管式吊耳示意图(尺寸单位:mm)

6.2.3　钢管桩制作工艺流程

大直径钢管桩制作流程如图 6-3 所示。

6.2.4　钢管桩制作

钢管桩制作中的钢板下料、管节卷制、纵焊缝焊接、管节校圆、管节拼接、环焊缝焊接与 2.3 节一致,此处不做赘述。吊耳和剪力键焊接、焊缝质量控制、防腐施工、总组为钢管桩制作中的独立内容,下文将作详细介绍。

1)吊耳和剪力键焊接

吊耳焊接采用 CO_2 气体保护焊焊接,钢管桩与吊耳焊接焊缝为全熔透焊缝。焊接完成后对焊缝进行 100% 超声波和磁粉检测。

图 6-3　大直径钢管桩制作流程图

吊耳和剪力键焊接如图 6-4 所示。

a) 管式吊耳焊接

b) 剪力键焊接

图 6-4　吊耳和剪力键焊接

2) 焊缝质量控制

(1) 焊缝外观及尺寸控制程序

对所有管节或管桩进行 100% 目视和 100% 尺寸检测, 尺寸偏差应符合表 6-3 规定。

尺寸偏差 表6-3

检查项目	规定值或允许偏差（mm）	检查方法和频率
外周长	±0.1%周长,且≤10	用钢卷尺量两端
管端椭圆度	±0.1%D,且≤4	用钢卷尺量两端互相垂直两直径之差,每（根）节2个测点
桩长度	0±30	用钢卷尺测量,每根（节）1个测点
桩纵轴线弯曲矢高	L/1000且≤30	在平台上转动或拉线用钢卷尺量,每根（节）1个测点
管节对接错牙	0.2δ且≤3	用焊口检测器测量,每根（节）取其最大值,每根（节）1个测点

注:D为钢管桩或管节外直径;L为钢管桩长度;δ为钢板厚度。

对所有的焊缝进行100%的外观检查,焊缝应紧密,焊道应均匀,焊缝与母材的过渡应平顺,具体要求见表6-4。

焊缝外观要求 表6-4

缺陷名称	焊缝等级		超过允许的处理方法
	一级	二级	
咬边	不允许	深度不超过0.5mm,累计总长不超过焊缝长度的10%	补焊
余高	0~3.0mm		进行修正
焊缝宽度	1.1~1.5倍板厚		进行修正
表面裂缝、未融合、未焊透	不允许	不允许	铲除缺陷后重新修补
表面气孔、弧坑、夹渣坑、夹渣	不允许	不允许	铲除缺陷后重新修补

尺寸控制如图6-5所示。

a) 长度检测   b) 尺寸检测

图6-5 尺寸控制

（2）无损检测控制程序

对经外观检查符合要求后的焊缝进行无损探伤检查。超声波、磁粉探伤的结果应符合

《承压设备无损检测　第 3 部分:超声检测》(NB/T 47013.3—2015)、《承压设备无损检测第 4 部分:磁粉检测》(NB/T 47013.4—2015)的规定。对焊缝无损探伤的检测方法和数量应按《码头结构设计规范》(JTS 167—2018)规定执行。

对超声波探伤有疑问时,应对该部位进行射线探伤。如探伤发现焊缝不合格,应对缺陷部位进行标识和记录,并进行补焊。补焊时先用碳弧气刨将缺陷清理干净,再用角磨机将碳弧气刨部位打磨光滑,最后采用 CO_2 气体保护焊对缺陷进行补焊。补焊完成后用角磨机将焊缝周围清理打磨,使其达到规定要求,再进行外观和超声波探伤。

无损检测如图 6-6 所示。

a) 超声波检测　　　　　　　　　　　　b) 磁粉检测

图 6-6　无损检测

3)防腐施工

钢管桩桩顶至泥面以下 6m 范围内桩壁外侧需进行防腐处理,防腐工艺流程如图 6-7 所示。

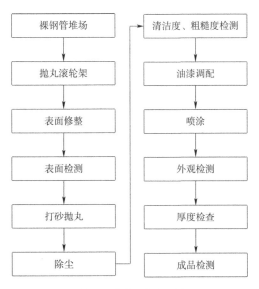

图 6-7　防腐工艺流程图

(1)首先对金属表面的缺陷进行修整。表面修整时,将所有钢材自由边的锐角边打磨成半径为 2.0mm 的圆弧,钢材表面缺陷在打砂前补焊并磨平,表面油污用清洁剂刷洗干净,并清除掉所有焊渣和焊珠,必要时打磨焊缝以减少尖锐的表面。

(2)表面修整完成后进行表面检测,合格后才能喷砂除锈。除锈完成后,钢管桩外表面应达到《涂覆涂料前钢材表面处理 表面清洁度的目视评定 第 1 部分:未涂覆过的钢材表面和全面清除原有涂层后的钢材表面的锈蚀等级和处理等级》(GB/T 8923.1—2011)和《涂覆涂料前钢材表面处理 表面清洁度的目视评定 第 2 部分:已涂覆过的钢材表面局部清除原有涂层后的处理等级》(GB/T 8923.2—2008)中规定的 Sa2.5 级,表面无可见的油脂、污垢、氧化皮、铁锈和油漆层等附着物,锚纹深度应在 40 ~ 100μm 范围内。

(3)除锈后清除钢管桩外表面残留的锈尘,在环境湿度小于 85%、钢材表面温度高于露点 3°C 时进行喷涂。涂装时依照产品说明书要求按需调配涂料,在使用过程中不断搅拌漆液,防止油漆沉淀造成漆膜质量不均。涂装好的涂层经 7 ~ 14d 的固化保养后,方可投入使用。最终涂层表面应清洁,无气泡、留挂、针孔、开裂等缺陷,其性能应符合表 6-5 中的规定。

防腐涂层性能 表 6-5

性能参数指标	执行标准	技术要求
漆膜外观	目测	连续、平整、颜色与色卡一致,不得有漏涂、针孔、气泡、裂纹等缺陷,当有缺陷按规格书执行修补
干膜厚度	《色漆和清漆 漆膜厚度的测定》(GB/T 13452.2—2008)	每 $10mm^2$ 待取 5 个基准面,每个基准面采用 3 点测量,3 点厚度的平均值为该基准面局部涂层的厚度值。单个干膜厚度不能超过设计的 2 倍。如达不到设计要求,必须进行补喷直到满足要求
盐水浸泡及盐雾循环测试	《涂料和清漆.耐液体性的测定.第 2 部分:水浸法》(ISO 2812-2—2007)	4200h 后符合挪威石油工业技术标准《表面处理和保护涂料(第 5 版)》(Norsok M501,Rev.5)体系 7
钢材面附着力,拉开法	《色漆和清漆 拉开法附着力试验》(GB/T 5210—2006)	待涂层完全固化后(涂装结束后 5 ~ 7d)进行附着力测试,≥8MPa
耐磨性	《色漆和清漆 耐磨性的测定 旋转橡胶砂轮法》(GB/T 1768—2006)	≤100mg(1000g,1000 转)
耐阴极剥离性	《色漆和清漆 暴露在海水中的涂层耐阴极剥离性能的测定》(GB/T 7790—2008)或 ISO 15711	无明显气泡、无剥离
耐氯离子渗透性	《水运工程结构防腐蚀施工规范》(JTS/T 209—2020)	$< 5 \times 10^{-3} mg/(cm^2 \cdot d)$

防腐施工如图 6-8 所示。

a) 表面修整

b) 上龙门凳等进砂房

c) 上涂油漆

d) 油漆附着力检测

图 6-8　防腐施工

4）总组

（1）总组时，先用水平仪将滚轮架的轴线和水平线调好，再将上、下两节管桩吊运至车间外部生产场地整桩组对。

（2）拼接时在滚轮架上进行组对，相邻纵焊缝需错开 90° 以上，错位控制在 3mm 以内，并测量上侧和左右两侧母线，确保弯曲度在任何 3m 范围内 ≤3mm、任何 12m 范围内 ≤10mm、整体 ≤30mm。

（3）精度确认完毕开始合缝预焊，合缝完成后开始正式埋弧焊焊接。焊接完成后沿钢管桩各轴线选取 2~3 个检测点，检测点成 90° 分布，检测焊缝焊接质量。检测合格后在钢管桩上涂刷水尺标识。

总组如图 6-9 所示。

6.2.5　钢管桩运输

1）运输准备

（1）钢管桩运输前，召集起重机班组，下达出运发货指令，强调吊装过程的正确操作。

（2）依据出运指令，按装驳图清点验收合格准备出运的钢管桩。

（3）检查吊运设备及吊运器具并保证其完好。设备包括门式起重机、模块车等，吊运器具包括防护吊绳、小车垫木、扁担吊具等。

a) 总拼

b) 焊缝质量检测

c) 涂刷水尺标识

d) 质量验收

图6-9　总组

（4）根据钢管桩特性在装船前计算出其重心，根据平衡原则设置吊带吊点位。根据计算出来的重心，利用扁担吊具、防护吊带，找准平衡点后由码头旋转起重机平稳起吊，在起重人员的正确指挥下，平稳准确吊放至运输船甲板。

2）海绑及运输

（1）钢管桩在装船时堆层不宜超过2层，吊装时要小心轻放，防止碰撞变形。

（2）防腐涂层的保护从防腐完成开始，即堆放时钢管桩底部应垫有枕木或软的砂料，层与层之间应有枕木隔开。最底层钢管桩下部必须有垫木，装船时小心轻放防止碰撞，在装船过程中如有涂层损伤，对损伤部位进行修补涂覆，并达到设计要求。

（3）装船完毕、行船前应备有必要的加固措施，其加固措施既要保证钢管桩不滑移，又要确保涂层不被损坏。

钢管桩海绑工装如图6-10所示。

6.2.6　大直径钢管桩制作时效统计

大直径钢管桩制作时效统计见表6-6。

图 6-10 钢管桩海绑工装示意图

大直径钢管桩制作时效统计表 表 6-6

工序	开始时间	完成时间	工效（d）	备注
钢板下料、管节卷制	T	$T+6$	6	
纵缝焊接、管节卷圆	$T+4$	$T+10$	7	
管段内场组对、环缝焊接	$T+8$	$T+14$	7	
吊耳及剪力键焊接	$T+12$	$T+18$	7	
防腐施工（管段涂装）	$T+19$	$T+20$	2	钢管桩制作总工期 约为 25d
总组	$T+21$	$T+22$	2	
水尺标识	$T+23$	$T+23$	1	
完工验收	$T+24$	$T+24$	1	
装船发货	$T+25$	$T+25$	1	

注：T 为开始时间。

6.3 大直径钢管桩高精度沉桩技术

6.3.1 钢管桩沉桩精度要求

沉桩完成后需及时进行沉桩偏差测量，钢管桩沉桩设计最大偏差值如下：

（1）桩间允许水平相对偏位 <75mm；

（2）高程允许相对偏差 <50mm；

（3）沉桩完成后的垂直度（桩轴线垂直度）偏差≤5‰。

6.3.2　钢管桩沉桩关键设备

1）IHC-S600 液压冲击锤（图6-11）

图6-11　IHC-S600 液压冲击锤

IHC-S600 液压冲击锤技术参数见表6-7。

IHC-S600 液压冲击锤技术参数表　　　　　　　　表6-7

项目	单位	参数
最大锤击能量	kN · m	600
最小锤击能量	kN · m	20
锤击频率	击/m	44
锤芯质量	t	30
锤体质量	t	64（水上）
		50（水下）
工作压力	bar	250 ~ 300
最大工作压力	bar	350
最大工作流量	L/min	1600

2）"长大海升"起重船

"长大海升"起重船具体船舶参数详见3.1.1节，此处不再赘述。

3）吊索具

工程桩上部吊点吊索具如图 6-12 所示，200t 吊梁上部通过 $\phi78mm \times 12m$ 无接头绳圈与主钩连接，下部通过 $\phi108mm \times 14m$ 无接头绳圈与钢管桩管式吊耳连接。工程桩下部溜尾吊带为 $200t \times 50m$ 环眼吊带，捆桩方式详见 6.3.3 节相关内容。

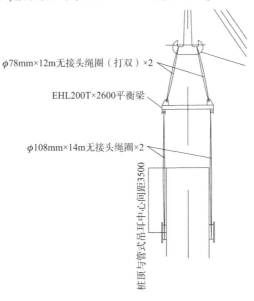

图 6-12 顶部管式吊耳连接方式示意图(尺寸单位:mm)

6.3.3 钢管桩沉桩工艺

大直径钢管桩沉桩工艺流程如图 6-13 所示。

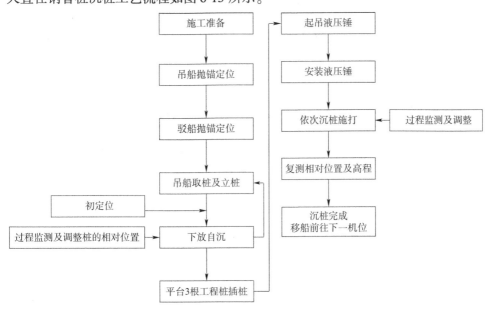

图 6-13 大直径钢管桩沉桩工艺流程图

1)船舶就位

施工船舶定位采用差分全球定位系统(Differential Global Positioning System,DGPS)和电罗经等设备,定位软件采用天津水运工程科学研究院自行编写的"海洋工程施工船舶管理系统"。

结合现场海流方向及风向,提前对起重船船位进行设计。考虑到施工场区常水流方向为东西方向,起重船顺水流方向进行布锚;运桩船则沿起重船纵向抛锚定位,便于取桩。

2)沉桩准备(图6-14)

沉桩作业前清理平台场地,准备吊装导向架和动力柜至平台面,吊装完成后,安装导向架。安装时通过平台上的履带式起重机配合,将导向架底座螺栓孔精准与平台桩口旁的法兰盘螺栓孔对接,随后拧紧螺栓,焊接"7字型"钢板,对平台和导向架进行加固处理。

a) 清理场地

b) 设备吊装

c) 导向架安装

d) 焊接"7字型"钢板

图6-14　沉桩准备

3)取桩

船舶就位后,起重船移位至运输船一侧,预先使用200t×50m环眼吊带和200t卸扣对钢管桩进行捆桩。捆桩时,先用吊带在钢管桩防腐涂层往桩底方向1~2m处沿桩身缠绕两圈,吊带不可交叉;确认吊带捆紧后,用卸扣将吊带环眼与吊带连接,连接完成时卸扣放置于钢管桩最上方,如图6-15所示。连接完成之后将吊带上提至卸扣处拉紧,保证卸扣不会滑动。

a) 人员过驳

b) 捆桩

c) 吊点挂设

d) 起桩

图 6-15　取桩

吊点挂设时,先将桩底环眼吊带挂入"长大海升"前主钩内,起重船再向后移船至后主钩位于管式吊耳正上方,下放后主钩,开始挂设上吊点。挂设管式吊耳时,施工人员拉住平衡梁下部钢丝绳绑扎的缆风绳,引导绳圈套入管式吊耳内,最后将缆风绳缠绕钢丝绳数圈后收紧,防止绳圈在受力前滑出吊耳。

在检查确认吊具与吊耳连接正确后,缓慢提升前后主钩,将管桩抬吊高过运输船艏桅杆2~3m后,向平台侧移船,准备起桩翻身。起吊前,需调整船位,保证前后主钩连线中心点与管桩重心齐平。

4)立桩(图 6-16)

立桩时缓慢提升后主钩,同时下放前主钩,使管桩翻身竖直。桩底入水后,加快后钩提升速率,直至桩身直立。提升前索具钩,将下吊点吊带拉松,吊带及卸扣受重力滑脱后。立桩完成后,继续提升管桩至桩底高过导向架,同时移船至对应桩孔开始插桩。

a) 翻身立桩

b) 立桩完成

图 6-16　立桩

5）插桩自沉

（1）起重船移位至钢管桩位于平台面空地正上方后，起吊索具钩将溜尾吊带松脱滑落至平台面，下放主钩将溜尾吊带解掉，如图6-17所示。

a) 解除溜尾吊带

b) 入导向架

c) 喂桩

d) 插桩自沉

e) 垂直度测量

f) 焊接限位工钢

图6-17　插桩自沉

（2）再次移船至钢管桩竖直对准桩孔后，开始插桩作业。插桩前，先完全收回导向架顶推油缸，待钢管桩桩底顺利穿过施工平台导向环后，沉桩负责人根据测量反馈数据指挥顶升液压千斤顶,逐步调节钢管桩垂直度。

(3)钢管桩开始自沉入泥后,须减小下钩速率;同时,测量人员增加垂直度测量频率。当管桩下沉速度 <1cm/min 时,可以判断钢管桩基本自沉稳定。此时每 10min 将钢丝绳下放 10cm 左右,持续 30min 或进行 3 次。若 15min 内观测的桩身刻度无明显变化,且钢丝绳呈放松状态,可以判定钢管桩已自沉稳定。此时,测量人员采用圆心拟合法扫测得钢管桩垂直度,若测得结果不超过 1‰,才可解除吊点;若测得数据较大,应立即提起钢管桩,重复上述插桩过程,直至满足要求后,方可继续下一工序的施工。

(4)解除吊点后,沿桩身均匀焊接用 6 根 2.5m 长的 36a 工字钢,倾斜方向应加密布置。工字钢一端顶紧工程桩,另一端焊接在平台面上,进一步控制桩身垂直度。焊接作业的同时,起重船移船绞锚,进行下一根桩的取桩作业,直到完成全部 3 根工程桩的插桩作业。

6)钢管桩沉桩(图 6-18)

(1)插桩完成后,将平衡梁下放至平台面,再将液压锤及油管挂至主钩和索具钩上,开始套锤。套锤时,控制好液压锤的对位精度,防止碰撞管桩造成倾斜或偏位。液压锤套入钢管桩后,慢速下钩压桩,观察管桩是否再次自沉,待自沉稳定后,再次复测桩身垂直度。

a) 液压锤套桩

b) 钢管桩沉桩(1)

c) 钢管桩沉桩(2)

d) 沉桩完成

图 6-18 钢管桩沉桩

（2）初施打的锤击能量控制在最大锤击能量的 10% 左右,避免溜桩。待贯入度稳定后再慢慢加大能量,直至调整到最大锤击能量的 70%~80%。锤击能量应根据不同的地层进行调整,当桩底通过软弱土层时,应适当调低;当桩身进尺较小时,应适当调高锤击能量。沉桩过程中,钢管桩每贯入 2m 使用圆心拟合法进行一次垂直度测量,如发生溜桩或者贯入度突然增大,应增加测量频率;沉桩完成后,桩身垂直度不应超过 5‰。

（3）最终停锤高程通过桩孔处实测高程反算得到钢管桩沉至设计高程对应的锤帽刻度线;当锤帽刻度线与测量点齐平时,即认为沉至设计高程。

（4）施打过程中,注意观察限位工钢,若出现变形或者脱焊等情况,应立即停锤,进行更换或者补焊。当锤帽距离顶推油缸 50cm 左右时,应停锤将油缸完全收回;同样,锤帽距离工钢 50cm 左右时,应停锤割除全部限位工钢。

6.3.4 钢管桩沉桩质量控制措施

1）沉桩天气选择

海上沉桩应选择海况较好的天气施工,以减少沉桩过程中的方桩偏位。海上沉桩施工打桩船受风浪、海流影响较大,风浪、海流会造成船舶晃动,锚缆无法收紧,难以进行准确定位,造成沉桩误差较大。

2）工程桩打入高程控制

工程桩施工平台安装完成后,采用星站差分设备对平台高程及中心坐标进行采集,再通过全站仪测量桩孔位置的高程,最后根据图 6-19 中的高程相对关系反算出锤帽的停锤刻度线,即 $\Delta H_2 = H_1 - H_2 + \Delta H_1$,其中 H_1、H_2、ΔH_1 均已知。

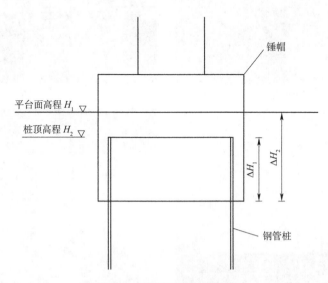

图 6-19　高程相对关系示意图

沉桩作业结束后,利用全站仪再次精确测量 3 根钢管桩的桩顶高程。本工程全部机位实测钢管桩高程数据如表 6-8 所示,均满足设计允许误差 ±50mm 的要求。

钢管桩高程数据统计　　　　　　　　　　　　　　　　　表6-8

机位	桩号	设计高程（m）	实测高程（m）
57号机位	57号-1	13.60	13.58
	57号-2	13.60	13.57
	57号-3	13.60	13.56
56号机位	56号-1	13.50	13.50
	56号-2	13.50	13.51
	56号-3	13.50	13.47
52号机位	52号-1	15.20	15.21
	52号-2	15.20	15.22
	52号-3	15.20	15.24
51号机位	51号-1	14.80	14.74
	51号-2	14.80	14.78
	51号-3	14.80	14.78
50号机位	50号-1	15.00	15.01
	50号-2	15.00	14.99
	50号-3	15.00	15.02
48号机位	48号-1	14.05	14.06
	48号-2	14.05	14.06
	48号-3	14.05	14.07
47号机位	47号-1	13.90	13.91
	47号-2	13.90	13.89
	47号-3	13.90	13.89
45号机位	45号-1	15.30	15.25
	45号-2	15.30	15.33
	45号-3	15.30	15.29
44号机位	44号-1	14.90	14.91
	44号-2	14.90	14.91
	44号-3	14.90	14.91
43号机位	43号-1	14.90	14.91
	43号-2	14.90	14.93
	43号-3	14.90	14.94
41号机位	41号-1	15.10	15.14
	41号-2	15.10	15.13
	41号-3	15.10	15.15

机位	桩号	设计高程（m）	实测高程（m）
37 号机位	37 号-1	14.92	14.88
	37 号-2	14.92	14.92
	37 号-3	14.93	14.90
32 号机位	32 号-1	14.30	14.25
	32 号-2	14.30	14.28
	32 号-3	14.30	14.35

3）钢管桩垂直度测量

由于在沉桩过程中钢管桩不能保持绝对的静止，会对全站仪整平产生影响，而倾斜仪存在安装误差、难校正和损坏的因素，因此工程桩垂直度监测结合圆心拟合法和扫边法两种方法的特点，定量测量钢管桩的垂直度，剔除粗差，不断调整垂直度，以达到设计要求。

沉桩过程中钢管桩的倾斜监测采用扫边法进行实时观测。在两个垂直方向上架设全站仪，使用全站仪的竖丝观测钢管桩的中线或边线，当竖丝与中线或边线重合时，说明钢管桩是垂直的，如图 6-20 所示。

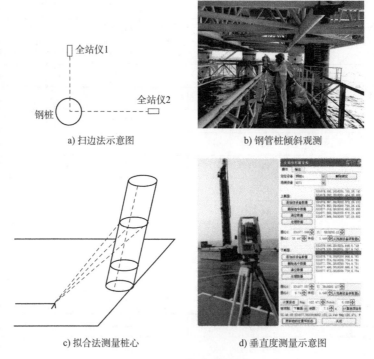

a) 扫边法示意图　　　　　　b) 钢管桩倾斜观测

c) 拟合法测量桩心　　　　　　d) 垂直度测量示意图

图 6-20　钢管桩倾斜观测

当钢管桩出现倾斜时暂停打桩，根据全站仪的结果，用高精度电子倾角仪复测钢管桩的垂直度,将数值报给指挥人员,以利于重新调整钢管桩的倾度。

当钢管桩晃动幅度较小时,用圆心拟合法测量钢管桩垂直度和倾斜方位。通过全站仪观测钢管桩上、下两个横切面的 8~10 个设定点进行数据采集,采集的数据实时发送到定位软件进行拟合处理。利用最小二乘原理拟合该横切面,得到横切面中心的坐标及圆半径,剔除距离拟合圆最远点的观测数据,再次拟合该横切面,得到横切面中心的坐标及圆半径,通过软件实时解算出钢管桩垂直度和倾斜方位。

将横切面圆半径与桩径设计尺寸进行对比,如果满足要求,则此次测量结果有效;否则,重复以上测量操作,直到满足要求为止。必要时,需要进行多次测量,比较测量结果的差异,以保证测量质量。

当桩的上截面圆心与下截面圆心平面坐标与设计的桩心坐标不一致时,需立刻告知打桩指挥人员,通过调整顶推油缸行程修正桩身垂直度,直至达到垂直度的要求。该方法测量精度相对较高,选取的上、下截面在竖直方向上的间距越大,越有利于提高测量垂直度的精度,适用于压锤入土、打桩阶段。

本工程全部机位实测工程桩垂直度数据如表 6-9 所示,均满足设计允许误差 5‰的要求。

工程桩垂直度数据

表 6-9

机位	桩号	垂直度(设计)(‰)	垂直度(实测)(‰)
57 号机位	57 号-1	5	3.26
	57 号-2	5	1.75
	57 号-3	5	3.76
56 号机位	50 号-1	5	2.08
	50 号-2	5	3.28
	50 号-3	5	2.95
52 号机位	52 号-1	5	1.7
	52 号-2	5	0.7
	52 号-3	5	0.6
51 号机位	51 号-1	5	1.8
	51 号-2	5	0.8
	51 号-3	5	0.8
50 号机位	50 号-1	5	4.2
	50 号-2	5	1.1
	50 号-3	5	0.9
48 号机位	48 号-1	5	2.2
	48 号-2	5	2.8
	48 号-3	5	0.8

续上表

机位	桩号	垂直度(设计)(‰)	垂直度(实测)(‰)
47 号机位	47 号-1	5	1.8
	47 号-2	5	0.6
	47 号-3	5	1.6
45 号机位	45 号-1	5	1.1
	45 号-2	5	1.0
	45 号-3	5	0.6
44 号机位	44 号-1	5	0.6
	44 号-2	5	1.2
	44 号-3	5	1.4
43 号机位	43 号-1	5	1.3
	43 号-2	5	1.2
	43 号-3	5	4.0
41 号机位	41 号-1	5	2.4
	41 号-2	5	0.9
	41 号-3	5	2.2
37 号机位	37 号-1	5	0.6
	37 号-2	5	1.4
	37 号-3	5	0.5
32 号机位	32 号-1	5	0.9
	32 号-2	5	1.8
	32 号-3	5	3.8

第7章

嵌岩施工技术

7.1　嵌岩施工关键设备

7.1.1　旋挖钻机

与传统的冲击或回转钻进、泥浆循环护壁成孔技术相比,旋挖钻机钻进具有效率高、成桩质量好、环境污染小和自动化程度高等诸多优点。本项目旋挖钻机选用徐工 XR550D 型旋挖钻机(图 7-1),该型钻机整机重约 180t,最大钻孔深度达到 115m,最大钻孔直径 3.5m,最大输出扭矩 550kN·m,采用动力头驱动式钻杆,工作时钻杆带动钻头回转,采用空气反循环排渣方式钻孔,具体技术参数见表 7-1。

XR550D 型旋挖钻机技术参数　　　　　　表 7-1

项目	单位	参数
工作参数		
最大钻孔直径	mm	$\phi3500$
最大钻孔深度	m	132
发电机参数		
型号		QSX15
额定功率	kW	447
动力头参数		
最大输出扭矩	kN·m	550
转速	r/min	6~20
系统参数		
工作压力	MPa	33
整机质量	t	185
外形尺寸参数		
工作状态	mm	12790×6000×33325
运输状态	mm	18040×4550×3800

图 7-1　XR55D 型旋挖钻机

185◆

根据不同土层选用不同型号的旋挖钻头,以适应土层旋挖压力的变化。在中风化以上岩层钻进时,采用直径 2m 的双底单开门斗齿捞沙斗;在中风化花岗岩地层钻进时,岩层强度较大,采用小孔径截齿筒钻或牙轮筒钻(外径为 1.5m),加装扶正器钻进,并交替换用 2m 导向扩孔钻头扩孔,最后使用清孔钻头取渣。

旋挖钻机及钻头见图 7-2。

a) 双底开门斗齿钻 b) 牙轮筒钻 c) 斗截齿筒钻

图 7-2 旋挖钻机及钻头示意图

7.1.2 泥浆处理器

桩底沉渣厚度关系到桩基质量,主要体现在:沉渣过厚,严重制约桩端承载力的发挥和增大桩的沉降位移,对桩基上层构筑物整体结构安全会造成巨大安全隐患。本项目采用气举反循环清孔工艺,即在导管内安插 1 根长约 2/3 孔深的镀锌管将高压空气送入导管内 2/3 孔深处,与导管内泥浆混合,经充气后在导管内产生低压区,连续充气导管内外压差不断增大,当达到一定的压力差后,平衡打破,则迫使泥浆在高压作用下从导管内上返喷出,同时孔底岩渣被高速泥浆携带从导管上返喷出孔口。气举反循环原理如图 7-3 所示。

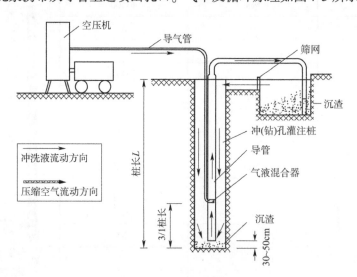

图 7-3 气举反循环原理图

泥浆处理器选用 ZX-250 型(图 7-4)。此处理器最大泥浆处理能力为 250m³/h,分离粒

度 $d50 = 45\mu m$,最大功率58kW,整机质量3600kg;主要用于桩基础钻进、成孔过程中泥浆的净化处理;达到最大净化效率时的最大密度小于 $1.2g/cm^3$,马氏漏斗黏度40s以下,含砂量小于2%,具体技术参数见表7-2。

ZX-250型泥浆处理器技术参数　　表7-2

项目	单位	参数
液体处理能力	m^3/h	250
分离粒度	μm	60
渣料筛分能力	t/h	20~80
筛下物最大含水率	%	30
净化后砂浆含砂率	%	<2
总功率	kW	58.6
外形尺寸	m	$3.5 \times 2 \times 2.45$
质量	kg	3600

图7-4　ZX-250型泥浆处理器

7.1.3　履带式起重机

嵌岩平台配置的履带式起重机技术参数见表7-3,外形如图7-5所示。

图7-5　履带式起重机

履带式起重机技术参数　　表7-3

性能指标	单位	参数
主臂工况		
最大额定起质量	t	150
最大额定起重力矩	kN·m	8400
主臂长度	m	16~76
工作速度		
主副提升绳速	m/min	0~156
主变幅卷扬绳速	m/min	0~78
回转速度	r/min	0~1.2
行走速度	km/h	0~1.3
发动机		
输出功率	kW	242
额定转速	r/min	2100
其他参数		
平均接地比压	MPa	0.118

7.1.4　混凝土搅拌设备

1)搅拌站

搅拌站基座由H型钢和角钢焊接而成,2个搅拌站下料仓焊接在基座的预定位置。下料仓安装完成后,将2套主机安装在下料仓基础上,随后安装爬梯、控制室、水斗、减水剂等设备,并配有电线电缆和水管、水泵等设备。搅拌时使用提升机送料,搅拌完成的混凝土通过平台地泵泵送至储料斗。混凝土搅拌设备共两套,总效率约为40m³/h。

搅拌站拼装如图7-6所示。

a) 搅拌站基座

b) 拼装下料仓

c) 爬梯、控制室焊接

d) 搅拌站整体示意图

图7-6 搅拌站拼装

2)储料斗和漏斗(图7-7)

储料斗容积需满足灌注桩封底要求,采用钢板和型钢焊接制作,直径2.5m,储料斗底部做成斜状,方便出料。出料口采用人工开闸,出料口溜槽设计为可拆卸形式,便于提漏斗、拆导管。出料口最低处距离平台面3m。

灌注导管顶部设置圆锥形漏斗,连接储料斗的溜槽。漏斗用5~6mm厚的钢板制成,插入导管的长度为150mm。漏斗和储料斗高度除满足导管拆卸等操作需要外,不影响在灌注最后阶段时导管内混凝土柱的灌注高度。

a) 储料斗　　　　　　　　　　　　　b) 料斗

图 7-7　储料斗和漏斗

7.2　海工混凝土材料设计研究

海工混凝土是指在海滨、海水中或受海风影响的环境中服役,长期受海水或海风侵蚀的混凝土。它是在常规材料、常规工艺的情况下,采用低水胶比、适当掺加活性掺合料,通过严格的质量控制措施制作的具有高抗氯离子渗透性、较高强度及良好工作性能的混凝土。

7.2.1　原材料控制

1) 集料

(1) 配制混凝土的集料应符合《建设用砂》(GB/T 14684—2022)和《建设用卵石、碎石》(GB/T 14685—2022)的一般技术要求。必要时,集料应予清洗和过筛,以除去有害物质。

(2) 不同来源的集料不得混合或储存在同一料堆,也不得交替使用在同类的工程中或混合料中。

(3) 选择料场时必须对集料进行碱-集料潜在活性的检测,不得采用可能发生碱-集料反应(AAR)的活性集料。

(4) 粗、细集料中的含泥量应分别低于 0.5% 和 2.0%,泥块含量应分别低于 0.25% 和 0.5%;采用坚固性硫酸钠溶液法 5 次循环后的质量损失应小于 8%;水溶性氯化物折合氯离子含量应不超过集料中的 0.02%。

2) 细集料

细集料不得使用海砂。

7.2.2　混凝土配合比设计

(1) 泵送混凝土选用的水泥应符合图纸及《水运工程混凝土施工规范》(JTS 202—2011)的规定。

(2) 泵送混凝土所用粗集料的最大粒径应满足《水运工程混凝土施工规范》(JTS 202—

2011)第 5.2.7 节相关规定,且不得大于如下规定:当泵送高度小于 50m 时,对碎石不宜大于管径的 1/3,对卵石不宜大于管径的 1/2.5;泵送高度在 50~100m 时,对碎石不宜大于管径的 1/4,对卵石不宜大于管径的 1/3;泵送高度在 100m 以上时,对碎石不宜大于管径的 1/5,对卵石不宜大于管径的 1/4;粗集料应采用连续级配,且针片状颗粒含量不宜大于 10%。

(3)泵送混凝土宜采用中砂,细度模数为 2.9~2.6,2.5mm 筛孔的累计余量不得大于 15%,0.315mm 筛孔的累计筛余量宜在 85%~92% 范围内,通过 0.160mm 筛孔的含量不应小于 5%。

(4)泵送混凝土应掺用泵送剂或减水剂,并可适量掺用粉煤灰或其他活性掺合料。当掺用粉煤灰时,其质量应符合《水运工程混凝土施工规范》(JTS 202—2011)第 5.2.6 节的有关规定。

(5)泵送混凝土拌合物的坍落度不应小于 80mm,混凝土入泵坍落度可按表 7-4 取用。

(6)泵送混凝土的水灰比不宜大于 0.60。

(7)泵送混凝土的水泥用量不宜小于 300kg/m³。

(8)掺用引气型外加剂时,其混凝土含气量不宜大于 4%。

混凝土入泵坍落度选用表   表 7-4

泵送高度(m)	<30	30~60	60~100	>100
坍落度(mm)	100~140	140~160	160~180	180~200

7.3 成桩工艺

不同于混凝土搅拌船,嵌岩施工通过将旋挖钻、履带式起重机、灌注系统等设备放置于平台上,并基于以上设备完成嵌岩桩成孔、混凝土浇筑等施工任务,将海上施工转化为岸上施工形式。

本次嵌岩钻孔施工采用旋挖钻施工工艺,在不同的地层上采用不同的钻头进行钻进。成孔后开始清孔,沉渣泥浆指标符合要求后安装钢筋笼,然后采用泥浆气举反循环进行二次清孔。清孔完成后,混凝土浇筑时采用平台安装的浇筑设备及泵送设备进行施工,生产线 2 套,每套混凝土浇筑能力为 20m³,砂石料、粉料等在岸上混合配置完成后装袋密封运输至船上存储,现场加水搅拌后进行浇筑。嵌岩工艺流程如图 7-8 所示。

7.3.1 导管水密性试验

导管使用前进行水密性试验。试验开始前,先检查每节导管有无明显孔洞、有无密封圈等,要求导管材质坚固,内壁光滑顺直,无局部凹凸,各节导管内径大小一致,偏差不大于 ±2mm。

导管水密性试验开始后,先对接导管,对接完成后用密封扣件把导管首尾相连,在导管两端正上方的两个孔上安装封闭装置。封闭完成后向导管内注水,注水至管道另一端出水且导管内冲水达70%以上时停止,再将一端注水孔密封,另一端与空压机连接,保持压力15min。随后检查导管接头处溢水情况,对溢水处做好记录,将导管翻滚180°再次加压,保持压力15min,检查情况并做好记录,经过15min不漏水即为合格。

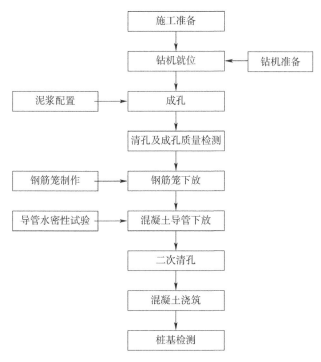

图 7-8 嵌岩工艺流程图

进行水密性试验的水压不应小于孔内水深的1.3倍压力,也不应小于导管壁和焊缝可能承受灌注混凝土时最大压力 ρ_{max} 的1.3倍。经试验可得,导管能承受的最大压力 ρ_{max} 为1.68MPa,符合施工要求。

导管水密性试验如图7-9所示。

a) 加压测试

b) 泄压

图 7-9

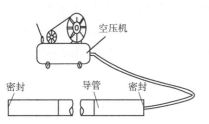 

c) 导管水密性试验演示图

图 7-9　导管水密性试验

7.3.2　泥浆循环系统

1)泥浆参数

本项目灌注桩属于海水桩基施工,采用海水造浆。通过试验确定膨润土、羧甲基纤维素钠(Carboxymethylcellulose Sodium,CMC)、纯碱、抗氧化剂等配置比例(质量比)为海水:膨润土:CMC:纯碱:1,3-二异丙基碳二亚胺(PCI):聚丙烯酰胺絮凝剂(PHP)= 100:4 ~ 8:0.004 ~ 0.008:0.1 ~ 0.4:0.1 ~ 0.3:0.003。在陆上试验符合要求后,根据现场情况进行微调,具体泥浆性能指标要求如表 7-5 所示。

泥浆性能指标要求(钻孔方法为反循环)　　　　　　　　　　　　　　　　　　　表 7-5

地层情况	相对密度	黏度 (Pa·s)	含砂率 (%)	胶体率 (%)	失水率 (mL/30min)	泥皮厚度 (mm/30min)	pH 值
一般地层	1.02 ~ 1.06	16 ~ 20	≤4	≥95	≤20	≤3	8 ~ 10
易塌地层	1.06 ~ 1.10	18 ~ 28	≤4	≥95	≤20	≤3	8 ~ 10
卵石层	1.10 ~ 1.15	20 ~ 35	≤4	≥95	≤20	≤3	8 ~ 10

2)泥浆循环

平台面积较小,不具备设置大型泥浆池的条件,因此在施工过程中,充分利用钢管桩内空间存储泥浆。首根桩钻孔时,泥浆在拌浆罐中拌制完成后直接泵入桩孔内,随着钻孔深度的增加及地质变化,不断补充新浆,调整泥浆性能指标。混凝土浇筑完成后,将混凝土顶面以上 5m、性能尚好的泥浆抽至下一桩位进行循环使用,直至完成整个机位的灌注桩施工。钻进中,注意观察桩孔内液面高度,应保持高过海平面以上 2 ~ 3m,当液面过低时,应及时进行补浆。

造浆如图 7-10 所示。

3)泥浆使用要点

(1)泥浆的制备、使用、管理、性能测试应严格按照操作工艺施工,并及时记录。每天至少进行 1 次胶体率性能测定,并留样观察,保证 24h 胶体率达到 95% 以上,否则应及时调整。钻进过程中,每隔 2h 对液面以下 0.5m 处的泥浆进行性能指标试验;停钻时,每天测定一次全部泥浆性能指标;在进行泥浆性能试验时,应严格按照试验要求进行操作,如实记录泥浆指标数据。

a) 膨润土倒驳

b) 泥浆拌制

图 7-10　造浆

(2)在钻进过程中,为保证泥浆中固相物质的含量,应根据泥浆性能和地质情况及时向桩孔内加水。加水时,严禁在短时间内大量加水,避免泥浆性能出现大的变化。不同土层对应着不同的钻进速度,防止发生卡钻;在硬塑的黏土层钻进时,要慢速钻进,泥浆浓度小一点,以避免糊钻;在砂层钻进时,泥浆相对密度要适量加大,慢速钻进,防止塌孔。

(3)遇到泥浆受侵、泥浆中的 pH 值下降、黏度增大的情况,可配置高碱比的混合剂进行泥浆的调节,降低黏度和失水率的同时保护黏土颗粒,从而使泥浆各指标较快达到要求,混合剂(褐煤:烧碱:丹宁酸:纯碱:水)配比为 3:4:1:2:50。

7.3.3　成孔工艺

按照 2 号→1 号→3 号进行嵌岩施工。

旋挖钻机就位(图 7-11)后,将沉淀池吊至旋挖钻机一侧。沉淀池由钢板和槽钢拼焊而成,沉淀池尺寸为长 4m、宽 6m、深 1.2m,作为存放钻渣的容器。挖掘机停放于沉淀池一旁,便于清理沉淀池内的钻渣,清理完成后将钻渣排入泥驳或船舱等位置,待沉淀后外运至指定地点倾倒。

a) 旋挖钻机就位

b) 沉淀池

图 7-11　旋挖钻机就位

旋挖钻机钻进时,钻齿切削岩土进入钻斗内,通过钻杆和主卷扬机提升钻斗到孔外,钻杆反转卸土,钻斗返回孔内,进行下一个循环作业。钻孔操作要点如下:

(1)通过旋挖钻机的主桅杆四边形调整系统、行走系统对准孔位中心后锁定。在钻进时,旋挖钻机旋转到孔位时自动锁定,保证孔位的准确性,在操作时必须严格控制并随时检查。

(2)为了保证成孔的垂直度,在旋挖钻机开钻之前采用吊线法复核显示器上钻杆垂直度等数据的准确性,满足要求后,方能开钻(每钻完 6 根桩基,利用全站仪重新校核钻杆垂直度);每次提放钻杆时检查钻杆的垂直度,确保成孔垂直度满足设计要求。

(3)钻孔过程中,根据各地层情况控制钻进速度,并对钻孔的直径、垂直度及泥浆指标进行严格控制,确保成孔质量。

(4)钻进开始时,要放慢钻进速度,并注意放斗要稳,提斗要慢,特别是在孔口 5~8m 段钻进过程中要注意通过控制盘来监控垂直度。

(5)开孔时,以钻斗自重作为钻进动力,对于一次进尺,短条形柱显示当前钻头的钻孔深度,长条形柱动态显示钻头的运动位置,孔深的数字显示此孔的总深度。

(6)当钻斗被挤压充满钻渣后,将其提出桩孔,同时观察监控并记录钻孔地质状况;操作回转手柄使机器转到机身侧方位置卸渣,旋挖钻机将钻渣装入溜槽溜至渣土船。

(7)在钻进过程中安排专人进行泥浆指标检测,使用标准表格每 2 小时进行记录,随时跟踪、检查孔位及孔内泥浆情况。钻进过程中及时清理沉渣,保持泥浆性能。

(8)工作班组需定期检查旋挖钻机工作状况,应特别注意旋挖钻机钻头的磨损情况,如钻头出现严重磨损、掉落,需及时处理。钻进过程中须对钻孔过程中不同深度的各类岩样进行取样并和地勘资料进行比对,若出现严重不符,应及时上报。

(9)护筒角处岩层为强风化花岗片麻岩,遇水易软化,手捏易碎。钻进到护筒角时需谨慎操作,并注意钻杆的垂直度,防止挂住钻头护筒角,钻速约 10r/min,钻压 18MPa,并严格控制水头差和泥浆指标。

(10)钻入中风化砂岩层后,转速降低为 9r/min,钻压提高到 20MPa,并采用分二级扩孔钻进工艺。安装扶正器保持钻杆的垂直度,采用 $\phi1.5m \times 3m$ 牙轮(截齿)筒钻取芯,接着采用 $\phi1.5m$ 变 $\phi2m$ 扩孔钻头进行扩孔钻进,钻进时利用下部设置的 $\phi1.5m$ 钻头在已经成孔的孔径作为导向,保证孔径垂直度。扩孔完成后清理钻渣,实现最终扩孔。入岩后,及时将取出的岩样与地质勘察资料进行对比和记录,避免由于夹层导致入岩层错误。

(11)当桩尖到达设计底高程后停止下钻,使用测锤等工具对孔深进行测量和记录,以确定是否终孔。

成孔工艺如图 7-12 所示。

7.3.4　清孔及成孔质量检测

1)清孔

本项目采用气举反循环系统进行清孔,循环系统由空压机、沉淀池、泥浆池及泥浆泵组成。孔内泥浆及沉渣由空压机气举泵出,排入沉淀池内,沉淀池表面较澄清的泥浆流入泥浆池,再由泥浆泵抽取注入孔内,使之循环使用,直至泥浆满足技术规范和设计要求为止,具体泥浆参数要求为:相对密度 1.03 ~ 1.10、黏度 17 ~ 21Pa・s、含砂率 < 2%、胶体率 > 98%、孔底沉渣厚度 < 30mm。

a) 旋挖钻机钻进

b) 岩层取样

c) 取芯

d) 孔深测量

图7-12 成孔工艺

清孔采用 φ325mm 混凝土导管,使用前涂油漆编号。导管下放前检查每根导管是否干净、畅通,确认止水"O"形密封圈的完好性、导管数量等。

由履带式起重机小钩配合导管下放,导管逐段吊装接长,从桩孔中心垂直下放。下放时避免触碰钢筋笼。导管接长时通过两块卡板加工而成的活动卡悬挂来固定。导管连接完成后先下放触底再提空,保持导管底部离孔底 30～40cm,导管长度和顺序由专人记录,记录内容作为拆管依据。

导管安装完成后,安装风管,风管处于导管内。此外应特别注意风管安装过程中加强对吊点的保护,防止风管掉落导管内。同时风管接头之间必须安装橡胶密封垫并紧固接头螺栓,防止漏气。

一次清孔如图 7-13 所示。

a) 导管下放　　　　　　　　　　　　b) 清孔

图 7-13　一次清孔

2)成孔质量检测(图 7-14)

成孔质量检测所用的泥浆质量检测三件套,即 NB-1 型泥浆比重计、NA-1 型泥浆含砂量测定仪、1006 型泥浆黏度计,分别测试泥浆相对密度、泥浆含砂量、泥浆黏度。必要时用指标达到要求的泥浆进行孔底换浆。严禁使用超钻加深钻孔的方法代替清孔。成孔质量检测时,孔深采用测绳测量,检测前首先用钢尺检查测绳尺寸误差,确保孔底高程准确。

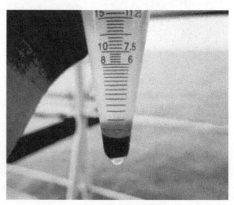

a) 泥浆相对密度检测　　　　　　　　　　b) 泥浆含砂量检测

图　7-14

c) 泥浆黏度

d) 验收

图7-14 成孔质量检测

7.3.5 钢筋笼制作与下放

1) 钢筋笼制作

钢筋笼由竖向主筋和内撑加劲箍组成,外布螺旋钢筋,设计保护层厚度为 140mm/ 90mm,通过焊接于主筋上的定位筋进行控制。螺旋箍筋沿全长布置,在钢管桩底部 4.7m 范围螺距加密为 60mm,其余螺距为 150mm。

根据设计图纸及技术规格书要求并结合现场吊装特点,将钢筋笼划分为 2 ~ 3 节后,分节段进行加工制作,其制作流程如图7-15 所示。

钢筋笼制作所使用的胎架由钢板及型钢制成。胎架安装时,使用全站仪、水准仪辅助胎架定位,确保胎架处于同一轴线、同一水平面上。胎架安装时,每隔 2m 放置一个胎架并在胎架底脚处钻孔植入 $\phi16mm$ 圆钢进行固定。

钢筋笼加工时,将加工好的主筋放置在胎架上,然后摆放内笼主筋及加劲圈,加劲圈定位好,在加劲圈上划线摆放胎膜架以外的主筋,在加劲圈的部位焊接。主筋定位完成后,盘上螺旋箍筋。

钢筋笼制作如图7-16 所示。

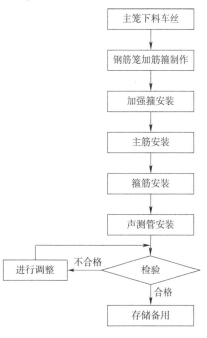

图7-15 钢筋笼制作流程图

螺旋箍筋与主筋采用焊接方式固定,每圈须不少于 8 点与主筋点焊。第一节钢筋笼前端要用挡板挡住,使顶端平齐。桩基声测管均匀设置在钢筋笼内侧,四根通长,声测管与钢筋笼的主筋通过"U"形卡扣固定,通过同样方法进行剩余钢筋笼的制作。钢筋笼整体制作完成后,每隔 2m 沿钢筋笼四周均匀安装 8 个保护层定位环。验收完成后,按对接顺序从下向上对每节钢筋笼进行编号,标明桩孔号、节段号后,转运至成品堆放区统一堆放。

a) 主筋焊接

b) 加劲圈焊接

图 7-16 钢筋笼制作

钢筋笼加工过程中,严格控制钢筋笼垂直度,以便于现场的对接及下放。为防止钢筋笼运输吊装过程中产生变形,在钢筋笼加劲箍设置"△"形内撑。每根桩安装 4 根钳式声测管,管材为钢管,规格为 $\phi50\text{mm} \times 2.0\text{mm}$。钢筋笼内的声测管每隔 2m 通过"U"形卡焊接固定,须保证足够的强度和刚度,防止声测管变形滑落。

桩基础钢筋笼制作与安装质量标准见表 7-6。

桩基础钢筋笼制作与安装质量标准 表 7-6

项目	允许偏差	项目	允许偏差
主筋间距(mm)	±15	中心平面位置(mm)	20
箍筋间距(mm)	±20	顶端高程(mm)	±50
外径(mm)	+5,−10	底端高程(mm)	±50
保护层厚度(mm)	±10	—	—

2) 原材料运输

混凝土料、钢筋笼及外加剂加工制作完成后由平板车分批次陆运至码头,再由汽车起重机倒驳装船。运输船为1000t深舱货船,原材装船按照前舱粉料,后舱集料,最后将钢筋笼堆放在混凝土料上方的布原则进行,如图 7-17 所示。

a) 混凝土料运输

b) 钢筋笼运输

图 7-17

c) 装船

d) 船舱布置

图 7-17　原材料装船

货船从码头出发抵达平台附近后,根据水流流向确定靠泊平台方向;在锚艇协助下,完成抛锚作业,绞近平台。

吊装前,提前规划并清理好堆放场地,并在混凝土料堆放位置提前铺设镀锌格栅板,避免渗水造成粉料结块。履带式起重机依次将钢筋笼及混凝土料吊运至平台面上堆放,最后覆盖帆布进行保护。

原材料装运如图 7-18 所示。

a) 货船靠泊

b) 钢筋笼转运

c) 混凝土料吊装

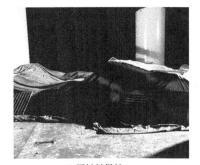

d) 原材料保护

图 7-18　原材料装运

3)钢筋笼安装

(1)钢筋笼起吊、下放

钢筋笼起吊前,复核钢筋笼编号及长度,确认无误后,方可起吊。钢筋笼采用履带起重机主、副钩抬吊翻身；吊具为"口"字形吊梁，四角上、下各设置1个吊耳，通过钢丝绳分别与主钩和钢筋笼连接，上部吊点使用1条 $\phi15.5mm \times 3m$ 钢丝绳及1个17t卸扣，每个下部吊点同样使用 $\phi15.5mm$ 钢丝绳及1个17t卸扣。起吊前，将吊梁下部吊点与钢筋笼顶部主筋4个"U"形吊环通过17t弓形卸扣连接，副钩通过钢丝绳和卸扣连接在钢筋笼底部往上约1/3笼长的加强箍筋上，缓慢吊起。当钢筋笼起吊至一定高度后小钩停止，主钩继续提升至钢筋笼竖直后，下放小钩，解除下部吊点。

钢筋笼垂直吊起后，施工人员指挥履带式起重机将钢筋笼对准桩孔后，竖直下放钢筋笼；吊放入孔时，应对准孔位轻放、慢放入孔。在下放过程中，逐节割除钢筋笼内的"△"形支撑；当钢筋笼下放至上吊点距离井口架0.5m处时，施工人员转动钢筋笼，使"U"形吊环对准井口架的4个牛腿，继续下放至"U"形吊环与钢牛腿齐平后，将钢牛腿穿入"U"形吊环，使钢筋笼临时悬空固定。向声测管内注入清水，观察液面情况：若4根声测管均未出现漏水的现象，则可解除吊点，起吊下一节钢筋笼；若声测管内液面缓慢下降，则需重新提起钢筋笼，查找出管壁、接头处的渗水现象，及时进行处理。

（2）钢筋笼对接

钢筋笼对接时，应保证上下节段的钢筋笼轴线一致，再扭转上段钢筋笼，对齐两节钢筋笼的"0"位标识（一般为白色喷漆或圆钢）；先初步旋入套筒限制上部钢筋笼移动，再使用管钳将全部套筒按照要求紧固到位（最终外露1~2螺距）。套筒对接完成后，将上、下节声测管通过接头连接，再使用专用液压钳套夹紧接头位置，最后缠上防水胶带。螺旋箍筋按照设计图纸要求的间距点焊固定。

下放前，再次检查钢筋笼接头处套筒连接情况，排除漏拧、螺纹外露过多的情况，并拍照记录，方可继续下放。

全部钢筋笼下放完成后，用测绳挂 $\phi32mm$ 钢筋头下放入声测管内，与设计孔深对比，若孔深出入较大，应及时进行处理。检查完后，重新将声测管灌满水，再用棉布将声测管管口封堵。

钢筋笼下放如图7-19所示。

a) 钢筋笼复核

b) 钢筋笼起吊翻身

图 7-19

c) 切割"△"字形支撑

d) 套筒连接

e) 声测管注水

f) 接头箍筋焊接

图7-19　钢筋笼下放

7.3.6　二次清孔

二次清孔与一次清孔操作步骤相同,此处不再赘述。二次清孔泥浆指标:相对密度 1.06~1.1,黏度19~28s,含砂率≤2%。底部沉渣厚度小于30mm。二次清孔后,拆除风管,安装漏斗,准备进行混凝土浇筑。

二次清孔示意图如图7-20所示。

7.3.7　混凝土浇筑施工

1)浇筑前准备工作(图7-21)

(1)混凝土浇筑前,应保证混凝土料富余量在50m³以上、拌合水富余量在20m³以上。

(2)调试、检查200kW箱式发电机和叉车等机械设备,并提前加满柴油。

(3)二次清孔前,将储料斗提前吊至桩孔内,并连接好泵管;泵管连接时尽量平直,减少弯头数量。

2)混凝土浇筑(图7-22、图7-23)

二次清孔验收完成后,应立即拆除风管。风管拆除后,下放导管探底,测量导管顶面与井口架的高差;通过拆除、更换顶部导管(0.25m、0.5m、1m及2m的导管),以保证提空高度在30~40cm范围内。

a) 下放导管

b) 安装风管

c) 场地布置

d) 二次清孔

图 7-20　二次清孔示意图

a) 储料斗安装

b) 吊钩装置

c) 破袋装置

d) 上料

图 7-21　混凝土浇筑前准备工作

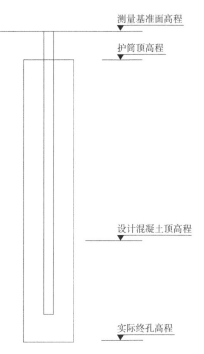

测量基准面高程

护筒顶高程

设计混凝土顶高程

实际终孔高程

图 7-22　混凝土浇筑示意图

a) 开盘

b) 灌注

c) 混凝土顶面深度测量

d) 验收

图 7-23　混凝土浇筑

导管调节完成后,从导管口下放测绳测量孔深,当测量数据与实际孔深相差不大时,可继续下一工序施工;若测得孔深与实际孔深相差 0.5m 以上,可认为导管中卡入碎石,应立即提起导管进行检查。

导管检查完成后,拿掉声测管口封堵的棉布,检查管内液面高度。若管内液面下降明显,应使用100mm长硬水管插入声测管底部,在整个灌注过程中持续不断通水,防止混凝土渗入声测管后凝结,造成堵管。

完成以上步骤后,即可开始混凝土浇筑施工。

叉车按照集料—粉料—集料(集料:粉料=2:1)的顺序进行上料,上料过程中,由专人负责记录、把关。

保证储料斗(10m³)及料斗(4m³)中存满混凝土,且搅拌设备已拌制好4m³混凝土时,即可开盘。开盘前,施工人员先拉开储料斗溜槽闸刀,当混凝土连续倒入料斗时,现场负责人指挥履带式起重机迅速提起料斗阀门。首批封底混凝土浇筑完成后,使用测绳测量孔内混凝土面深度,确定导管埋深。

水下混凝土应连续浇筑,中途不宜停顿,并应尽量缩短拆除导管的间隔时间。浇筑过程中,应勤测量、勤拆管,通过导管长度及混凝土面深度计算导管埋置深度,保证导管埋置深度在2~6m。导管拆除时,控制起吊速度,确保不碰撞声测管或钢筋,同时防止因起吊过快而无法保证导管埋深,造成断桩。

混凝土灌注前20m范围内,需适当控制混凝土灌注速度,以防止钢筋笼上浮。在导管架插尖底高程与实际混凝土顶高程有足够距离的前提下,为保证灌注桩质量,实际混凝土顶面高程应高出设计桩顶高程0.5m以上。

3)混凝土性能试验

混凝土浇筑过程中,按照设计要求对混凝土性能进行取样及检测,如图7-24所示。

a) 混凝土立方体抗压试块　　　　b) 坍落度试验

c) 扩展度　　　　d) 成孔孔深检测

图7-24　混凝土性能试验

7.3.8 桩基检测

桩基混凝土强度达到要求后,用超声波透射法对混凝土灌注桩完整性进行检测,判定桩身缺陷的程度并确定其位置,检测频率100%。

现场检测时,首先采用平测法对全桩各个检测剖面进行普查,找出声学参数异常测点;然后,对声学参数异常的测点采用加密测试,必要时采用斜测或扇形扫测等细测方法进行进一步检测,这样一方面可以验证普查结果,另一方面可以进一步确定异常部位的范围,为桩身完整性类别的判定提供可靠依据。本项目Ⅰ类桩合格率达95%以上。

桩基检测示意图如图7-25所示。

图7-25 桩基检测示意图

第8章

大直径钢管桩水下切割施工技术

8.1 钢管桩水下切割施工工艺流程

本项目钢管桩水下切割采用高压水射流技术——通过一定的增压设备和特定的喷嘴后,形成压力较高的水射流并作用于物体表面的新兴技术。从20世纪90年代开始,磨料水射流切割凭借其冷态切割、切割质量良好等优势得到迅速发展,并与激光切割、电火花切割等现代切割技术形成互补。随着海洋工程的发展,磨料水射流技术在深海环境下沉船表面切割、海洋资源勘察以及海上石油钻井平台等领域有着广泛的应用。

8.1.1 水下切割施工工艺流程

本项目钢管桩切割采用水下高压磨料水射流切割技术,磨料射流方式为后混合磨料射流,磨料的运输方式为干式运输。水下切割系统运作时,高压水供给设备和空气压缩机分别经管路和独立的供砂软管将高压水及磨料传输到内切割设备内,两者汇合后形成高压磨料水射流,再经过喷嘴射出,对钢管桩进行切割。整个过程需要水下切割系统中的各个设备精密配合,水下切割施工工艺流程如图8-1所示。

8.1.2 水下切割系统设备

1)水下高压磨料水射流切割系统设备

水下高压磨料水射流切割系统设备由水下高压射流内切割设备、液压操作系统、高压水供给设备、切割砂供给设备构成。

(1)水下高压射流内切割设备

水下高压射流内切割设备(以下简称"内切割设备")由横梁、调节葫芦、吊索具、支撑腿装置、回转装置、喷嘴装置、液压管、供水管、供砂软管及控制电缆等组成,如图8-2所示,总重约3t。

①横梁由一条3m长的20a工字钢制成,在横梁的顶面上对称布置两个吊耳,使用长3m、直径20mm的镀锌钢丝绳与平台履带式起重机连接吊钩;安装时使用吊带与平台履带式起重机吊钩连接;横梁底面正中设一个吊耳,与一个5t的调节葫芦连接,调节精度为毫米级。横梁底面吊耳与调节葫芦连接的吊带绳长根据切割段钢管桩长度及调节葫芦可调节长

度大致确定,连接处选用的卸扣都为5t卸扣。

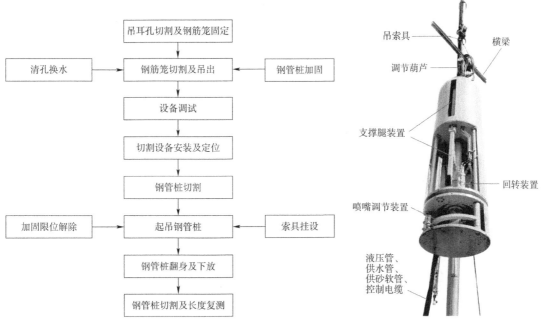

图 8-1　水下切割施工工艺流程图　　　　图 8-2　水下高压射流内切割设备

②支撑腿装置分上下两层,每层有 3 个连动的支撑腿,每层支腿的撑开和收回动作由 2 个水下油缸控制,上下两层共 4 个油缸同步供油,确保动作协调一致。

③回转装置由液压动力站控制,能实时调节切割角度及速度。

④喷嘴直径为 0.6mm,可用水下液压油缸调节喷嘴装置与钢管桩内壁的距离。在切割过程中,油缸持续供油,确保喷嘴装置上的钢滚轮与内壁贴合。

⑤液压管、供水管、供砂软管及控制电缆。

本系统有 6 条液压管、1 条供水管、1 条供砂软管及 1 条控制电缆,其长度均设置为 100m。

(2)液压操作系统

本套液压操作系统含有"支撑腿撑开、收回控制手柄""喷嘴伸出、收回控制手柄","回转(顺逆时针)控制手柄"等液压控制单元,下部为液压动力站电机,共两个(一用一备),功率均为 12kW,可实时显示水下切割时的切割角度、切割长度、切割速度和切割完成百分比。

(3)高压水供给系统

本套高压水系统包括柴油驱动系统、加压调节系统、压力加注系统、电气控制系统等,可接 2 路高压水枪,供水压力可达 280MPa,能长时间高压运转。

(4)切割砂供给设备

切割砂供给设备由 5kW 的空压机、砂罐及独立的供砂软管构成。切割砂采用石榴砂。

水下切割设备如图 8-3 所示。

a) 液压操作系统

b) 高压水供给设备

c) 切割砂供给设备

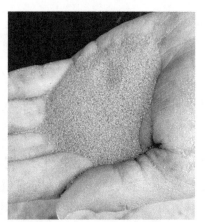
d) 切割砂

图 8-3　水下切割设备

2) 潜水作业系统设备

潜水作业系统主要有气源箱、Ⅰ类减压舱、潜水中央控制室、水下录像系统、潜水装具（包括潜水服、安全背带、脚蹼等）、磁力锚、潜水头盔 KMB-18B 等设备，其中气源箱、减压舱、潜水中央控制室分别布置在 4m、6m、4m 的集装箱内，潜水作业系统设备中其余设备按照使用习惯放置在集装箱内。表 8-1 对潜水作业系统主要设备的参数进行说明。潜水作业系统设备如图 8-4 所示。

潜水作业系统主要设备参数表　表 8-1

设备名称	组成(设计)部分	主要用途
气源箱	1 台额定排气压力 1.5MPa 的螺杆空气压缩机(型号 LG-22)	可对 1 个 0.6m³ 罐体和高压气瓶进行快速充装，为潜水作业供气
	1 台额定排气压力 1.5MPa 的往复活塞空气压缩机(型号 V-105/12.5kA)	
	1 台容积 0.6m³、压力容器级别Ⅰ类、设计压力 1.54MPa、实验压力 1.925MPa 的储气罐	

续上表

设备名称	组成(设计)部分	主要用途
气源箱	1台转速1300r/min、功率7.5kW、额定排气压力225bar的高压空气压缩机(型号LW280EC)	可对1个0.6m³罐体和高压气瓶进行快速充装,为潜水作业供气
Ⅰ类减压舱	上海打捞局芜湖潜水装备厂生产,产品型号为WJC1.5D2406A。设计压力1.1MPa,最高工作压力1.0MPa;主舱室容可容纳3人,过渡舱室可容纳1人	潜水减压
潜水中央控制室	其由蓬莱龙顺潜水设备有限公司生产,型号为LSMGP-3-3,可接入1路中压空气、1路高压空气、2路混合气,最大支持潜水深度为空气条件下60m,混合气条件下120m,可支持3名潜水员同时作业	实时对3名潜水员进行深度测量和连续监控,并保持实时通话
水下录像系统	其由OUTLAND公司生产,产品型号为UWS-3210配套高清液晶屏,可提供高清水下水上工作现场画面,并进行视频录像,输出高清AVI视频与音频	潜水观测、潜水视频拷贝
KMB-18B潜水头盔	潜水头盔、面罩采用玻璃纤维,采用tri-Valve排气系统和SuperFlow350调节器	潜水

a) 气源箱

b) Ⅰ类减压舱

c) 潜水中央控制室

d) 水下录像系统

图8-4　潜水作业系统设备

8.2 切割准备工作

8.2.1 清孔换水

桩基施工后钢管桩内水体浑浊,会使得水下切割时视线不清,水下摄像头无法使用,潜水员频繁下水,切割工效大打折扣,不利于进行水下切割,故需将钢管桩内的泥浆水进行清理,置换成清水,以保证桩内水质清澈。

在桩基质量检验合格后,开始清孔换水。清孔换水时,采用两台扬程45m、功率22kW的4寸❶抽水泵进行作业,一台抽取桩内泥浆水出桩,另一台抽取干净的海水入桩。

清孔换水时两台水泵不同时开启,先用一台水泵抽取一部分在桩内的泥浆水后,再用另一台水泵注入干净的海水。若两台水泵同时作业,清理完成后桩内水质清澈只是表面现象,待水体静止,水中漂浮的杂质会再次沉淀,潜水员下水后稍一动身,水质会再次浑浊,依旧影响切割视线,又需再次清孔换水。

清孔时要控制好清孔深度,需清至切割位面往下5~6m的位面,不可只清至切割线位面,否则潜水员下水入桩作业时,水中杂质会随之流动,依旧影响切割视线。

单个桩位清孔换水的时间为7~8h,验收标准为桩顶往下40m的钢管桩桩内水质清澈。清孔换水后,桩内水位比海平面低4~5m最佳。这样水位差会在割桩时让桩外的海水涌入桩内,将喷嘴一开始喷射的磨料砂冲走,使水下摄像头保持清晰画面,便于判断桩壁是否已被割破,利于调节切割参数。

8.2.2 吊耳孔切割及钢筋笼固定

在钢管桩上切割出两个对称的吊耳孔,用于钢管桩吊装,切割标准为在桩顶往下15cm的位置,切割出一个5cm半径的吊耳孔,对称布置,孔心连线与管式吊耳连线齐平。一个桩位吊耳孔的切割时间为1.5~2h。

在钢筋笼切割前,需对钢筋笼进行固定,以防切割时钢筋笼落入桩内。固定时,先将钢筋笼的纵筋折弯,再在折弯处焊接圆钢吊耳,最后将圆钢吊耳挂在桩壁上,挂点数量要求为4~5个,只增不减。固定单个桩位的钢筋笼需耗时0.5h。

8.2.3 钢管桩加固

钢管桩切割前,在临时桩导向架焊接工字钢固定工程桩,减少海浪与风对于钢管桩切割段的影响,以防桩体因抖动落海。单个桩位的钢管桩固定时间为1.5~2h。

钢管桩加固如图8-5所示。

---

❶ 1寸≈0.033m。

图 8-5 钢管桩加固示意图

8.2.4 钢筋笼切割及吊出

钢筋笼切割采用水下电弧-氧切割。水下切割时,潜水员将从桩基混凝土硬表面往上 2~3m 的位置到桩顶的钢筋笼切割为一个整体,以便于钢筋笼吊出。

水下电弧-氧切割完成后,将钢筋笼整体吊出。吊出时,工人先挂好吊点,再解除钢筋笼的固定,然后起吊钢筋笼。切割时按照辅笼每节 12m 的标准进行分段切割,用氧割枪将辅笼圆钢吊耳上的纵筋割断(切割过程中不可割断圆钢吊耳,以备后续吊装使用)。若不足 12m,则按照吊耳位置切割成其他长度;切割长度不可超出 12m,否则钢筋笼易解体。

在每节钢筋笼切割前,需要将桩内钢筋笼的声测管捆绑加固,防止声测管掉落。每切割一节,就用平台履带式起重机将切割出来的 12m 辅笼吊出。采用主副钩协作的方式进行钢筋笼吊装,先用副钩将分段钢筋笼吊出,在钢筋笼的末端绑紧缆风绳,后通过副钩和缆风绳协作完成分段钢筋笼的翻身,翻身完成后解开副钩和缆风绳,再使用小钩将分段钢筋笼平吊到平台延伸出来的挑梁上,以供后续周转使用。重复以上操作,直到钢筋笼全部吊出。单个桩位的钢筋笼切割及吊出的时间为 2.5~3h。

钢筋笼切割及吊出如图 8-6 所示。

a) 钢筋笼吊出 b) 声测管捆绑加固

图 8-6

c) 钢筋笼切割   d) 钢筋笼放置

图8-6 钢筋笼切割及吊出

8.3 钢管桩水下切割

8.3.1 切割设备调试

将潜水设备放置在平台后,施工人员连接设备电源、气路管线、通信系统,连接完成后机电员根据设备检查表对潜水相关设备进行检查并试运转。调试和试运转过程中一旦发现问题必须立即解决,以确保所有设备、仪器都处于良好的工作状态。设备调试和试运转所需时间为 4～5h。设备检查、调试内容包括:

(1)使用专用电箱连接平台电源后,运行所有电力设备。

(2)对所有供气管路进行试压,检查是否出现泄漏、损坏及一切不正常情况,以确保潜水作业安全、有效进行。

(3)测试潜水通信系统以及备用通信系统,查看通信是否通畅。

(4)检查空压机和控制面板各项供气操作系统,检查所有相关阀门的工作状态以及是否有泄漏。检查潜水员主供气源和应急气源系统压力是否正常。

(5)检查高压水供给设备、内切割设备是否正常运行,调试录像、照相、手动工具和测量工具。

(6)潜水脐带和电缆等应避免跨度过长,管线走向要合理;高压气管线、高压气瓶组架、主电源、自动运转设备等张贴警示牌,拉设警示隔离带。高空作业、楼梯攀爬、易撞伤结构、应急逃生通道等处均张贴有安全提醒。

(7)安全员按照潜水作业前的设备检查表对照检查系统,监督、检查设备调试情况,确保设备连接正确、无泄漏,并令各专职人员记录各项功能测试结果,共同填写"现场安全检查记录"。

设备调试如图8-7所示。

图 8-7　设备调试示意图

8.3.2　切割设备安装及定位

试运行通过后,进行内切割设备安装及定位(图 8-8),单个桩位的内切割设备安装及定位所需时间为 2.5～3h。

由技术规范书可知:切割线位置处高程 = 桩顶实测高程 −(内切割设备自身高度 + 上部索具下放深度)。上式中,内切割设备高度、切割线位置处高程、桩顶实测高程均为固定数值,故当内切割设备的下放深度过高或过低时,通过对上部索具下放深度的调节,即可完成切割深度的定位。选用调节精度为毫米级的手拉葫芦对上部索具的伸缩进行调节,可满足施工需要。切割工程师按照公式内容依次连接横梁、手拉葫芦、吊带、内切割设备,完成内切割设备的整体连接,设备连接处均使用卸扣刚性连接。完成连接后铺设各类管线,准备调节设备。

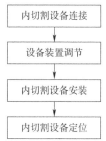

图 8-8　内切割设备安装
　　　　及定位流程图

整体连接完成后,再次确认钢管桩切割的技术细节,确认每个桩腿切割的数据、深度的准确性。确认无误后,起重机将内切割设备吊离平台面 50cm,潜水监督员将内切割回转装置打开至切割作业位置,调好喷嘴的高程位置后,调整钢滚轮与喷嘴的距离为 10～20mm,从而确保喷嘴距钢管桩内壁的距离保持不变。

再起吊内切割设备至工程桩内,将横梁搁置在预设位置,期间通过缆风绳调节角度,使内切割设备尽量处于工程桩内壁正中心后,使用激光测距仪测量横梁底面正中吊耳孔到桩壁两端的距离,若两个数据相差不大,则说明放置到位;若相差较大,则继续调整横梁位置。横梁位置调整完成后,启动液压动力站,使支撑腿完全撑开,贴紧桩壁。因支撑腿支撑面设计为与钢管桩内壁曲率一致,可确保支撑面不与钢管桩内壁线接触。

内切割设备连接、调节与安装如图 8-9 所示。

随后潜水员下水,查看内切割设备撑开的 6 条支撑腿上的磁铁是否贴合工程桩内壁,确保支撑腿支撑完全到位。到位后测量内切割设备上下两层的各 3 个支腿与钢管桩的距离是否一致,6 个数据基本一致,则说明内切割设备位于桩中心,设备安装完成;不一致,则通过液压操作系统继续对支撑腿装置进行调节。

a) 铺设管线

b) 调整喷嘴高程位置

c) 起吊内切割设备至工程桩内

d) 横梁搁置

图 8-9 内切割设备连接、调节与安装

内切割设备安装完成后，进行设备切割深度的定位(图 8-10)。定位开始时，潜水员在喷嘴位置挂紧毫米级钢架尺，并令钢架尺紧贴钢桩内壁，贴紧后桩顶位置的潜水员开始读数，完成后将测量数据反馈给施工技术员和潜水监督员；再以相同的方法测量 3 个与喷嘴位置齐高的点位。若 4 个点位的测量数据满足技术要求，则锁死手拉葫芦链条；若不满足，则利用手拉葫芦调整长度。按照《三峡新能源阳西沙扒二期(400W)海上风电项目海上风机多桩导管架基础技术规范书》中的 44-N4038825-S03-A011.6.3 沉桩偏差第 2 点，钢管桩沉桩允许偏差和设计高程相比，桩顶高程允许偏差 < ±50mm。

a) 支撑腿撑完全到位

b) 挂紧毫米级钢架尺

图 8-10 内切割设备切割深度定位

8.3.3　钢管桩切割

设备安装及定位完成后,潜水员调节水下摄像头的位置,确保后续切割画面清晰,以便于观测切割实况。随后潜水员出水,根据减压表的要求进行水下减压,水下减压完成后需到减压舱减压,减压时间根据入水深度和时间来确定。

在此期间,操作调速器进行试喷,试喷情况由水下摄像头确认。试喷时调试切割速度,以 30mm/min 为最佳,以这个速度切割一根钢管桩需要 4h。试喷时,如 5～10min 内看到钢管桩被击穿,则启动回转装置开始回转切割。如在设定时间内无喷水现象,则检查各系统是否正常工作。

试喷结束后开始水下切割,水下切割时需专人时刻跟进,掌握切割实际情况,出现问题时及时处理。在切割作业期间液压动力站持续供油,使 6 个支撑腿与钢管桩内壁紧密接触,保障切割过程中内切割处于工程桩内壁正中心,时刻与钢管桩同轴,不发生偏移。

钢管桩切割如图 8-11 所示。

a) 切割速率调节面板　　　　　　　　b) 钢管桩切割实拍图

图 8-11　钢管桩切割

8.4　切割段吊装

8.4.1　索具挂设与加固限位解除

水下切割完成后进行接长段吊索具的安装,挂设一个桩位的索具所需时间为 1h。吊索具选用 φ78mm×12.6m 的钢丝绳和 110t 卸扣。安装前检查吊索具规格是否一致,包括长度、粗细、配套的卸扣。安装时采用平台履带式起重机起吊钢丝绳,将钢丝绳吊装到吊耳孔处,工人佩戴好安全带后,用螺栓穿过吊耳孔和钢丝绳后锁紧卸扣。索具挂设完成后,起重船使吊装钢丝绳处于稍微绷直的状态后,用氧割枪解除临时桩导向架处钢管桩的限位工钢,解除一个桩位的限位工钢所需时间为 1h。

切割段索具挂设如图 8-12 所示。

图 8-12　切割段索具挂设示意图

8.4.2　切割段起吊

限位工钢解除后起吊钢管桩,起吊一个桩位的钢管桩需耗时 3h。起吊过程中需要时刻控制起吊速度,在桩体上下起伏不大的情况下再将桩体提起一小段距离。如此反复,直到桩体调离平台 10m 高后,开始钢管桩的翻身及下放。

切割段起吊如图 8-13 所示。

图 8-13　切割段起吊

8.4.3　钢管桩翻身及下放

起重船将桩体吊装至泊船上方后,缓慢下钩,减小桩体与泊船的垂直距离后开始翻桩。为增加翻桩施工安全性,在泊船尾部使用 I40a 工字钢制作限位装置,限位装置包括立杆、斜撑、纵向加强杆和保护胶垫等,如图 8-14a) 所示。

翻桩时,桩端部顶住立杆下端,起到限位作用,防止桩体被拖拽出船。待桩体完全套入限位装置后,开始下放钢管桩。同时在钢管桩的侧向,每隔 15m 用 I20 工字钢焊接一个限位装置,防止下放完成后钢管桩侧向滚动。

钢管桩下放时,要注意船体起伏,避免钢管桩剧烈晃动。下放过程中,要时刻让钢丝绳保持稳定受力状态,防止钢丝绳跳出管式吊耳。下放完成后,待钢管桩不再滚动时,解除吊索具,前往平台进行下一根钢管桩的吊装。单根钢管桩翻身及下放需耗时 2h,待 3 根钢管桩转运至泊船后即可结束作业。

a) 限位装置

b) 套桩翻身

c) 侧向限位装置

d) 钢管桩下放

图 8-14　钢管桩翻身及下放

8.4.4　钢管桩切割效果复测

3 根钢管桩水下切割作业皆完成后,一方面通过在驳船上测量已切割桩头各点长度参数,校核切割效果,此工序需耗时 3h;另一方面派遣潜水员下水,通过压力传感器检测被切割桩的桩顶高程是否符合要求,通过拉线量测各桩中心间距情况,此工序需耗时 3h。

若符合技术要求,复测时的测量参数可用于指导导管架加工,确保导管架能顺利、稳定安装;若复测结果不符合技术要求,需根据实际情况进行返工。考虑水下高压射流内切割装置出现故障或切割不满足要求,需在起重船备金刚石链锯切割设备或电氧弧切割设备一套。

钢管桩切割长度复测如图 8-15 所示。

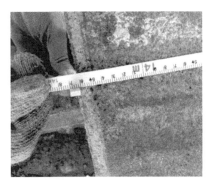

图 8-15　钢管桩切割长度复测

8.5　切割时间分析

本节主要对水下切割大直径钢管桩的时间进行统计和分析,时间信息详见表8-2。查阅相关文献可知,使用传统金刚石线切割技术切割单个机位的 3 根钢管桩,所需时间在 78h 以上,且施工精度不高。水下高压磨料水射流切割技术切割单个机位的 3 根钢管桩,施工周期为 27~30h,较传统金刚石线切割,可节省工期 48h 以上,共有 13 个机位,预估可节省工期 26d 以上。

水下切割大直径钢管桩时间统计表　　　　　表 8-2

切割时间	传统金刚石线切割	水下高压磨料水射流切割
单根桩切割时间	26h 以上	9~10h
单个机位切割时间	78h 以上	27~30h

9.1　导管架基础形式介绍

9.1.1　导管架背景介绍

导管架是由打入海底的桩柱来支承整个平台,能经受风、浪、流等外力作用,可分为群桩式、桩基式(导管架式)和腿柱式。

导管架基础(Jacket)是深海海域风电场未来发展趋势,目前欧洲已有许多风场采用这种基础形式。该基础结构强度高、安装噪声小、重量轻、运输安装方便,可作为大型风电机组支撑结构。导管架基础受波浪荷载影响较小,适用水深范围为 5~50m 的海域,而且安装速度快,现场施工简单,与其他基础形式相比造价低廉,而且可借鉴以往石油平台的设计施工经验,是一种成熟的海上风电机组基础结构。

应用于本项目的导管架基础依靠钢桩固定于海底,钢桩为前文所述的嵌岩灌注桩。导管架在岸基钢结构厂预制,待钢桩施工完成后,导管架通过海运运输至施工现场进行安装。起重船将导管架起吊后,将导管架结构下部三段支腿插入桩内,并在桩与支腿之间的环形空隙内灌入高强水泥浆,即完成单个风机导管架基础的施工。

三桩导管架如图9-1所示。

图 9-1　三桩导管架示意图

9.1.2　三桩导管架工程量

本项目导管架基础为空间桁架结构,上部有大型法兰与风机塔筒连接,下部为插入式导管架灌浆段与深基础桩连接,此外导管架上还有工作平台,以及登船梯、靠船件、J形管、灌浆管等附属构件,导管架整体高度为 55m/53.7m,质量约 860t,重心位于在支腿往上 35m 左右,上部法兰尺寸 ϕ7000mm,下部为 26m 等边三角形灌浆段支腿,3 根灌浆段长度依次为8.2m、8.9m、7.6m。

三桩导管架基础工程量见表9-1。

三桩导管架基础工程量 　　　　　　　　　　表9-1

序号	名称	质量(t)
1	主体管节段制作安装	490
2	过渡段制作安装	200
3	灌浆段及灌浆管制作安装	85
4	靠船防撞设施制作安装	28
5	爬梯、中间平台制作安装	
6	钢平台制作安装	29
7	J形管制作安装	18
8	导管架基础牺牲阳极安装	7.5
9	主体/平台结构标识制作安装	—
10	平台电缆桥箱支架制作安装	0.2
11	过渡段塔筒门、起重机等附件	5
12	整体涂装	—
13	合计	862.7

9.2　导管架基础建造工艺

9.2.1　导管架建造资源配置

根据风机导管架结构外形尺寸和结构重量,其总装场地布置图如图9-2所示。

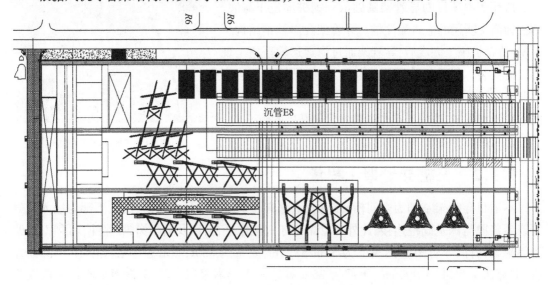

图9-2　风机导管架总装场地布置图

除满足风机总装施工场地要求外,还需配备众多辅助拼装大型设备,设备配置见表9-2。

导管架建造设备配置　　　　　　　　　　　　　表9-2

设备	数量	单位	型号
门式起重机	1	台	900t×161m
平板运输车	2	辆	
卷板机	1	台	
数控切割机	2	台	
超声波探伤仪	2	台	
履带式起重机	2	辆	260t
电焊机	若干	台	
空压机	若干	台	

9.2.2　制作工艺流程图

导管架制作工艺流程如图9-3所示。

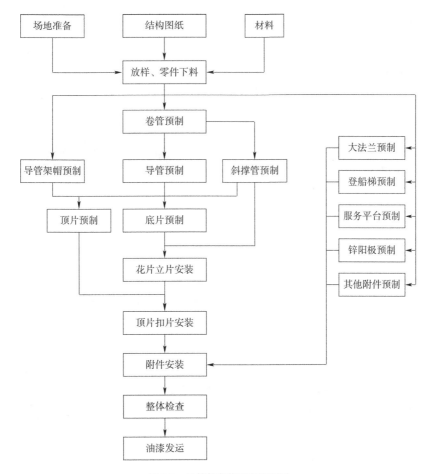

图9-3　导管架制作工艺流程图

9.2.3 放样、零件下料

经计算机绘制风机导管架三维图,得到各零件精确尺寸、各组件重心位置及导管架整体尺寸。斜撑管端部为相贯线形状,板材卷管焊接好后,在数控相贯线切割机上切割,保证零件尺寸。下料如图9-4所示。

a) 钢板下料   b) 过渡段下料

c) 拼板焊接   d) 导管下料卷管

图9-4 下料

9.2.4 导管制作

导管是由直径不等、厚度32～70mm的卷管焊接而成。焊接时采用"逐步退接法",在专用焊接流水线上进行焊接。流水线的固定式焊机上有伸缩焊接臂,能伸入管内进行内环缝焊接。管1和管2焊接好后,在流水线上自动移位,然后进行管2和管3的焊接。以此接长整根导管。

导管焊接接长如图9-5所示。

导管按照放样角度安装,保证其中轴线与后续灌浆段中轴线一致。导管顶部加放50mm的修割余量,以便总组后调整尺寸后安装大法兰。导管的直线度误差≤10mm,任何3m长度内的直线度误差≤3mm,任何10m长度内的直线度误差≤5mm。导管直线度校正后,在导管上划好斜撑管装配线。

定位完成后,对导管架进行接长焊接,并对焊缝做相应探伤检测、冲砂、涂装防腐层等。

导管制作如图9-6所示。

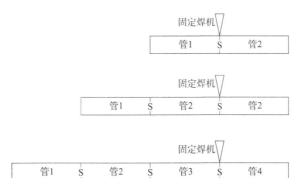

图 9-5 导管焊接接长示意图

a) 斜撑管焊接

b) 导管加长部分组对

c) 导管焊缝 UT 检测

d) 导管冲砂

e) 导管涂装

f) 油漆厚度检测

图 9-6 导管制作

9.2.5 片体制作

1)1/2轴线导管架片体制作(图9-7)

根据风机导管架片体制作图制作胎架,1轴为斜面胎架,2轴为平面胎架,1轴的斜面胎架既是片体胎架,又是总装胎架,尺寸测量时必须用同一个基准点。上胎前必须核对筒节编号、检查筒节圆度及外圆周长是否符合要求,检查好后用吊带将管节吊至胎架定位。

1/2轴片体外形尺寸39.5m×26m,质量约为195t。

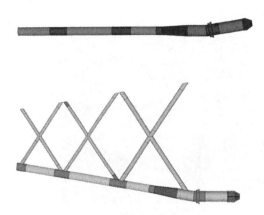

a) 1/2轴线导管架片体示意图　　　　　　　　b) 1/2轴线片体拼装

图9-7　1/2轴线导管架片体制作

2)A轴线导管架剪刀斜撑制作

A轴线导管架剪刀斜撑在水平胎架上制作,利用2轴线制作的平面胎架的主弦管来预装斜撑管,斜撑管两端用圆管作刚性加强,以防止变形,如图9-8所示。

图9-8　A轴线导管架剪刀斜撑拼装

3)导管架过渡段制作(图9-9)

风机导管架过渡段含内外钢平台及法兰的质量约200t,主体尺寸为13.5m×13.5m×

5.3m,采用立式建造法,在水平胎架制作。过渡段制作完毕,在其上安装外部钢平台、内部钢平台、法兰、塔筒门、栏杆等附件。

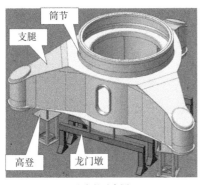

a) 过渡段示意图　　　　　　　　　　　　　　b) 过渡段制作

图9-9　导管架过渡段制作

9.2.6　卧装总组

1)2轴线片体翻身安装

风机导管架导管段2轴片体支座完成后报验合格,利用900t门式起重机上下小车将其翻身,翻身后放置在1轴片体及临时支撑上,2轴片体质量204t,外形尺寸为28m×42m×3.2m。其工艺流程如下:

(1)2轴片体制作完毕并检验合格。

(2)按吊环布置图安装翻身吊环并探伤合格。

(3)用900t门式起重机上下小车进行2轴片体的翻身,下小车挂导管架片体上口吊环,上小车两侧吊钩分别挂导管架片体下部的捆绑吊带,吊带绑扎为双出头方式。

(4)下车作为主吊钩,上车作为辅助吊钩,两车配合完成2轴片体的翻身,然后吊运至1轴片体正上方与1轴片体上的腹杆剪刀撑进行定位合拢。

(5)2轴片体就位时,谨慎慢行,避免剧烈撞击腹杆剪刀撑管口;2轴片体主弦杆与腹杆剪刀撑逐渐接触时,观察12根腹杆剪刀撑上口相贯线与主弦杆接触情况,禁止局部接触造成腹杆剪刀撑受力过大,导致导管变形。

(6)2轴片体定位时,需严格控制导管段上口四个主弦杆之间的位置关系精度,确保导管段与过渡段合拢时管节对齐。

(7)2轴片体定位完成后,首先在每个合拢口用码板固定,腹杆剪刀撑与主弦杆的每个合拢口焊缝焊接30%以上允许松钩。

2轴线片体拼装如图9-10所示。

2)最后一组剪刀斜撑吊装

将前两组导管架片体拼装完成后,吊装安装最后一面片体,完成整体底座的拼装。安装流程如下:

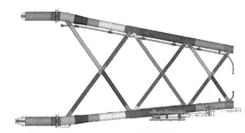

a) 2 轴线片体侧视图

b) 2 轴线片体正视图

c) 2 轴线片体拼装

图 9-10　2 轴线片体拼装

（1）1 面片体与地面固定形成支撑，2 面片体用斜撑管支撑固定。

（2）用 50t 吊带捆绑斜撑管与主钢管交叉区域，利用 260t 履带式起重机起吊 3 面片体剪刀撑安装。

（3）剪刀撑进行调整定位，定位合格后下口与主弦杆码板固定。

（4）3 面斜撑管下端与 1 面片体通过焊接固定，上口与 2 面片体码板也通过焊接固定，最后两侧焊缝满焊。

（5）三面剪刀撑焊接安装完成。

3 面剪刀斜撑定位安装如图 9-11 所示。

a) 3 面剪刀斜正视图

b) 3面剪刀斜撑定位安装

图 9-11　3 面剪刀斜撑定位安装

9.2.7 导管架翻身定位

1)风机导管架运输支座布置及地样线划设

按图示要求划设地样线并作永久标记;按图 9-12 布置运输支座,支座上表面相对高差≤3mm;装船运输托架支座方向与 900t 门式起重机轨道方向一致;运输托架下垫(厚×宽×长)30mm×2500mm×7000mm 钢板 6 件,钢板与地面固定;运输托架高度不同,布置时注意其对应位置;总装设立沉降观测点,总装过程中做好地基沉降水平监控。

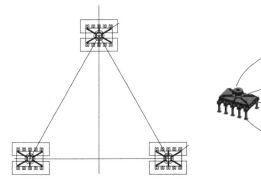

a) 运输支座布置及地样线划设平面图   b) 运输支座布置效果图

图 9-12　运输支座布置

2)风机导管架到导管段和灌浆段整体翻身定位

风机导管架导管段和灌浆段整体卧装建造完毕并检验合格,附件安装完毕,然后利用 900t 门式起重机上下小车将其翻身呈竖立状态,翻身后放置预先在地面布置好的导管架运输支座上,风机导管架导管段和灌浆段质量 600t,外形尺寸为 28m×24.5m×42m。其工艺流程如下:

(1)风机导管架导管段和灌浆段制作完毕并检验合格,所属附件安装完毕。

(2)按吊环布置图安装翻身吊环并探伤合格。

(3)用 900t 门式起重机上下小车进行导管段和灌浆段的翻身,下小车挂导管架主弦杆上口吊环,上小车两侧吊钩分别挂导管架片体下部的吊环。

(4)两车配合完成导管段和灌浆段的翻身,然后吊运至预先在地面布置好的导管架运输支座上。

(5)导管架三条腿基准线与地样线对齐,测量两个方向的垂直度及上口水平高差≤3mm。

(6)定位完成后风机导管架与支座码板焊接固定,码板规格为(厚×宽×长)20mm×300mm×500mm,每个支座不少于 8 块码板,沿圆周均匀分布,所有连接焊缝满焊,焊脚高度 15mm。

(7)定位完成后按设计图纸搭设脚手架,脚手架每隔 4m 与主结构连接。

(8)最后将已预制完成的过渡段吊装至主体结构上方完成总组,导管架结构施工完成。

导管架翻身、固定如图 9-13 所示。

a) 主体结构起吊

b) 主体结构翻身

c) 主体结构与运输支座对位固定

d) 过渡段与主体结构完成总组

图 9-13　导管架翻身、固定

第10章

导管架安装施工技术

10.1 导管架安装工艺

10.1.1 导管架出运方案

本项目芯柱嵌岩式导管架由两家钢结构加工厂负责生产出运,两家钢结构加工厂分别位于广州市南沙区的文船和扬中市八桥镇的新韩通。根据运输距离和吊装工艺选择立式和卧式两种装船方案。

1)立式运输

广州南沙区文船至阳江施工现场为省内运输,距离较短(约200海里❶),采用立式运输的方式出运导管架。立式出运的导管架具有焊接加固工作量较少、滚装上船较为方便快捷、吊装方式简单、所需配用索具较少等优点。立式导管架装船示意图如图10-1所示。

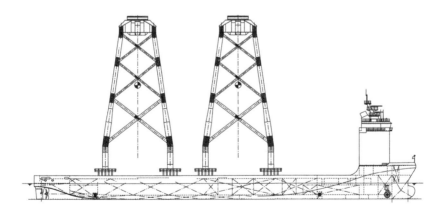

图10-1 立式导管架装船示意图

2)卧式运输

江苏新韩通至阳江施工现场为跨省运输,距离较远(约1200海里),途经台湾海峡,运输风险、难度较大,采用卧式运输的形式出运导管架,具体装船布置如图10-2所示。

---

❶ 1海里≈1.852km。

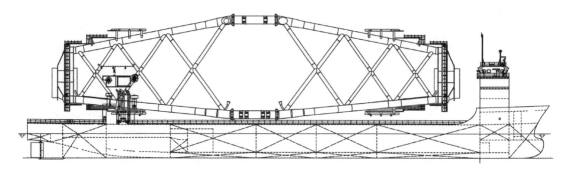

图 10-2 卧式导管架装船示意图

10.1.2 导管架安装工艺流程

导管架安装工艺流程如图 10-3 所示。

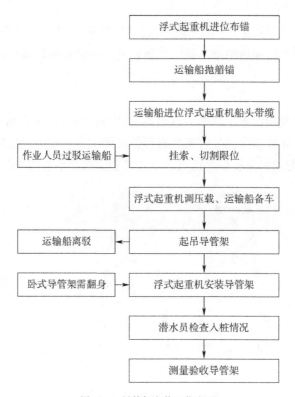

图 10-3 导管架安装工艺流程

10.1.3 施工准备

（1）吊索具设计及配置情况。

①立式导管架。

立式导管架吊索具配置情况见表 10-1。

立式导管架吊索具配置 表 10-1

吊索具型号	数量	安全系数	吊索具配置图
500t 卸扣	4	2 倍	500t卸扣+ 400t×20m 吊带
400t×20m 吊带	4	5 倍	

②卧式导管架。

卧式导管架吊索具配置情况见表 10-2。

卧式导管架吊索具配置 表 10-2

吊索具型号	数量	安全系数	吊索具配置图
500t 卸扣	3	2	
400t 卸扣	2	2	
600t 卸扣	6	2	
550t×40m 吊带	6	6	
350t×18m 吊带	2	6	
350t×1.5m 吊带	2	6	
350t×10m 吊带	4	6	
1050t×22.5m 吊梁	2	2	
600t×2.8m 吊梁	1	2	

（2）针对准备安装机位的回填料数据，对比入桩支腿长度，确保导管架能顺利安装。

（3）将立式导管架吊装需用的吊索具送往广州厂区内安装，减少现场作业时间，降低海上高空作业风险。

（4）卧式导管架所用的吊索具较复杂，需先在港内使用小型起重船配合预装吊索具，再到现场进行吊装作业。

（5）检查现场作业所需物料是否充足。

（6）起重船按设定锚位就位作业机位，等待运输船到位。

10.1.4 导管架吊装

1）立式导管架吊装

（1）船舶进位

起重船船首朝北偏东 105°布置锚位，运输船到达现场后，与起重船成"一"字定位，运输船船尾靠泊起重船船首。

立式导管架吊装锚位如图 10-4 所示。

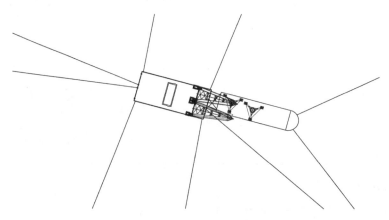

图 10-4　立式导管架吊装锚位

(2) 吊索挂设

组织人员过驳至运输船开展作业,首先起重船下放索具钩,将吊笼挂上索具钩并绑好缆风绳(缆风绳长度 60m 以上),将吊重指挥人员、测量定位人员、起重工等人员吊至导管架顶部平台。索具一端已预先拼装在导管架吊耳内,现场需将四条吊带另一端两两成对挂入起重船单臂架双主钩钩齿内,同时测量定位人员安装定位设备并接电。以上内容完成后,人员乘坐吊笼返回甲板。

在导管架顶部平台开展作业的同时,下方人员整理气割设备,气管连接气瓶并规整好,待人员从导管架顶部平台下来后,着手切割限位工装。

立式导管架挂吊带、限位工装切割分别如图 10-5、图 10-6 所示。

图 10-5　立式导管架挂吊带

图 10-6　限位工装切割

(3) 起吊导管架

限位工装切割完成后,通知运输船备车,开始起吊导管架。起吊时,缓慢提升主钩将导管架提离支撑,起升至确保导管架移动路线无障碍物后,起重船逐步绞船退后,同时运输船配合往相反方向绞船,直至导管架离开运输船上方,完成导管架的起吊动作。

导管架起吊完成后,运输船即可离开本作业面,测量定位人员测试导管架上定位设备能否正常反馈数据,准备进行导管架安装。

　　根据定位设备反馈至起重船控制室的导管架平面坐标及高程,并与三根嵌岩桩的平面位置及高程相对比,起重船绞锚调整船位至导管架三根支腿与三根桩基础重合,缓慢下放导管架,并动态调整船位确保两结构物始终重合,直至导管架安装到位,吊钩完全卸力为止。

　　导管架安装完成后,需派潜水员下水绕桩确认各支腿的进桩情况,以及导管架底部垫板与桩顶的贴合情况。

　　立式导管架吊装、安装如图 10-7 ~ 图 10-10所示。

图 10-7　立式导管架吊装施工图

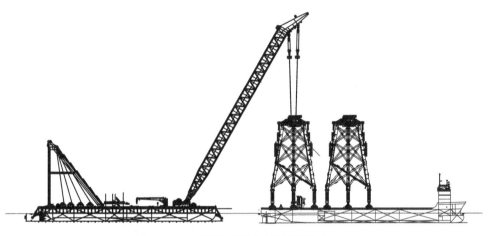

图 10-8　立式导管架吊装示意图(臂架角度 60°)

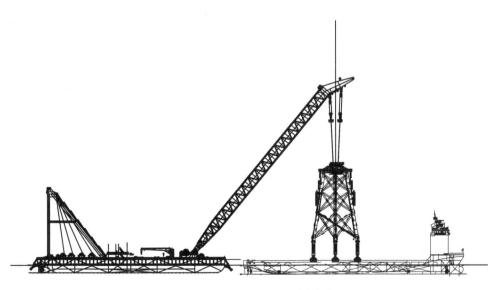

图 10-9　立式导管架吊装示意图(臂架角度 50°)

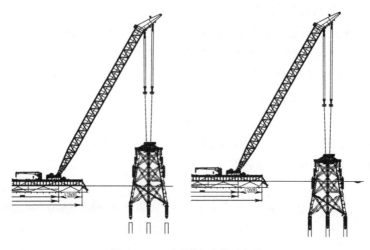

图 10-10　立式导管架安装示意图

2）卧式导管架吊装

（1）船舶进位

起重船船首朝向北偏东 75°布置锚位（吊运输船船首导管架则相反），在现场等待运输船靠泊船头位置。

卧式导管架吊装锚位如图 10-11 所示。

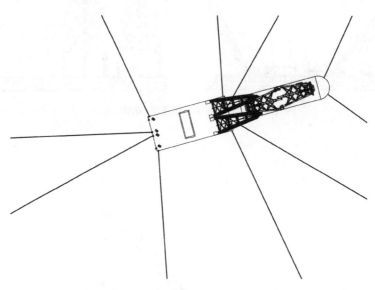

图 10-11　卧式导管架吊装锚位示意图

（2）吊点连接

人员过驳至运输船后，起重船下放吊具，卧式导管架头部需将预装的吊带与吊梁上的卸扣连接；卧式导管架的底部管式吊耳则需用聚氯乙烯（PVC）水管将吊带底端撑开，以方便挂装。

吊带挂装过程中可同时进行限位切割，在切割限位、挂装吊带的过程中，测量队员同时安装设备，设备需选择在避免臂架遮挡、靠近信号源的位置。

卧式导管架预装吊带、底部管式吊耳挂吊带,分别如图 10-12、图 10-13 所示。

图 10-12　卧式导管架预装吊带　　　　图 10-13　底部管式吊耳挂吊带

（3）起吊导管架

卧式导管架吊装如图 10-14 ~ 图 10-16 所示。

图 10-14　卧式导管架吊装施工图

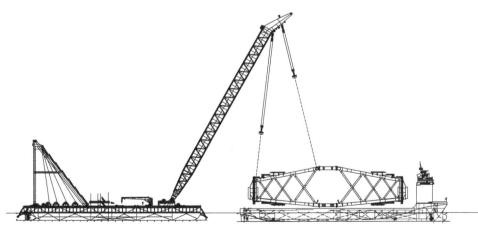

图 10-15　卧式导管架吊装示意图(臂架角度60°)

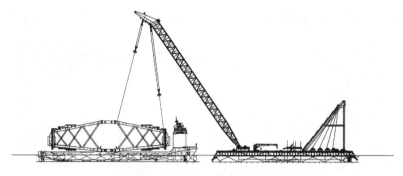

图 10-16　卧式导管架吊装示意图(臂架角度 55°)

（4）导管架翻身

卧式导管架起吊后涉及导管架的翻身动作，翻身过程要点在于起重船前后主钩协调进行，一组主钩起升的同时另一组主钩下放，如图 10-17 所示。

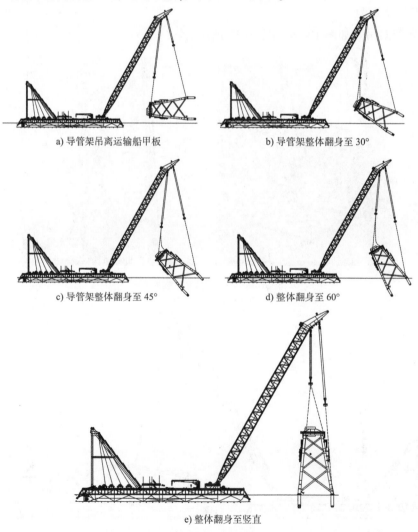

a) 导管架吊离运输船甲板　　　　　　　b) 导管架整体翻身至 30°

c) 导管架整体翻身至 45°　　　　　　　d) 整体翻身至 60°

e) 整体翻身至竖直

图 10-17　卧式导管架翻身步骤示意图

待导管架翻身完毕后,进行导管架安装,具体安装步骤同立式导管架安装。

10.1.5　导管架安装工效

立式/卧式导管架安装工效见表10-3。

立式/卧式导管架安装工效

表10-3

类别	工序名称	工效(h)	备注
立式导管架吊装	起重船定位	3	视锚艇配置数量,需2~3h
	运输船进位	2	
	人员及物料过驳	0.5	
	吊带挂钩	1	
	限位解封	2	一班有两个焊工,若人手充足可增至三个焊工,时间节约至1.5h
	起吊导管架	0.5	
	运输船离驳	1	
	调整船位	0.5	
	导管架下放安装	0.5	
	潜水员下水检查	0.5	
	测量及解钩	1	需解4个卸扣,耗时较长
	起重船起锚	3	视锚艇配置数量,在2~3h不等
合计用时		15.5h	
卧式导管架吊装	港内挂索	15	视起重机设备情况及熟悉程度
	起重船定位	3	视锚艇配置数量,在2~3h
	吊梁驳船进位	2	视锚艇配置数量,需1~2h
	挂吊梁及吊带	1	
	吊梁驳船离驳	2	视锚艇配置数量,需1~2h
	运输船进位	2	
	人员、物料过驳	0.5	
	连接吊索具	4	对海况要求较高
	限位解封	1	卧式导管架限位焊接量较小
	起吊导管架	0.5	
	运输船离驳	0.5	
	导管架翻身	0.5	
	解除下吊点	1	
	调整船位	0.5	
	导管架下放安装	0.5	
	潜水下水检查	0.5	
	测量及解钩	1	
	起重船起锚	3	视锚艇配置数量,需2~3h
合计用时		38.5h	

10.2 导管架安装及验收

10.2.1 安装所用定位设备

导管架安装时,需对导管架平面位置、方位角进行实时监控并与桩基础对比,实现以上功能需要整套专业测量定位设备。

1)K9 定位定向仪

K9 定位定向仪(图10-18),集 DGPS 定位、指北罗经于一体,内置双全球定位系统(Global Positioning System,GPS)天线、电子陀螺、倾斜传感器等,通过接收地区性广域差分增强系统——星基增强系统(Satellite-Based Augmentation System,SBAS)的免费差分信号可以提供达 0.5°的方位精度,可快速提供准确的船位和航向,输出数据频率可达 10Hz。通过接收日本的多功能卫星增强系统(Multi-Functional Satellite Augmentation System,MSAS)中的 129、137 两颗卫星的信号可以为中国几乎全部地区提供免费差分服务。该设备为船舶定位、导管架方向监控提供可靠的数据反馈,同时在导管架验收时可用于高程数据的采集。

2)星站差分 GPS

星站差分 GPS(图10-19)是基于已设立的参考岸台,通过网络运行中心结算轨道和时钟误差修正并融合 GPS 和格洛纳斯卫星导航系统(Global Navigation Satellite System)、北斗卫星导航系统(Beidou Navigation Satellite System)和伽利略卫星导航系统(Galileo Satellite Navigation System)4 种卫星定位系统。有别于传统的无线电岸台差分方法,而是通过遍布全球的参考网络结算误差源,把电离层和对流层的误差降到最低,为用户提供精密的实时单点定位结果。该设备为导管架安装提供可靠的平面位置的定位服务。

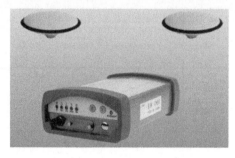

图 10-18 K9 定位定向仪

图 10-19 星站差分 GPS

3)全站仪

导管架安装精度验收使用的全站仪为瑞士徕卡(Leika)公司生产的 TS09 型全站仪。TS09 型全站仪采用双面数字字母混合式输入键盘,内置实用的机载程序和大容量内存,适应各类复杂外业工作,可以进行快速稳定的测量。采用无限位微动螺旋摩擦制动,以及 I 级红外激光测距镜头,实现单棱镜、多棱镜、无棱镜、十字板等多种反射方式,防水、防尘等级达到 IP66(IP 英文全称 Ingress Protection,即外壳防护等级)。全站仪融合角度测量、距离测量,直接得到测距结果和目标的三维坐标。全站仪主要用于导管架验收时的法兰水平度测量。

全站仪技术参数见表10-4。

全站仪技术参数 表10-4

测角精度	$1''$	
测距精度	$1.5mm + 2 \times 10^{-6} \times D($有棱镜$)$ $2mm + 2 \times 10^{-6} \times D($无棱镜$)$	
单次测量时间	$1.0s$	

注:D为相邻控制点的距离(km)。

10.2.2 导管架定位安装

在海上施工过程中,船舶定位、嵌岩平台定位安装、沉桩施工精度控制、导管架安装定位都依托于稳定、可靠的卫星定位设备,由专业的测量设备和软件进行数据的收集、统计处理并加以图像化。

导管架安装是基于前文所述嵌岩桩施工的基础上而进行的施工动作,导管架安装是否顺利取决于嵌岩桩施工过程中的精度控制是否严谨。

嵌岩桩顶高程为 $-22.3m/-23.6m$,桩内外径为 $2.29m/2.4m$,导管架三根支腿直径为 $1.9m$,长度分别为 $8.2m$(1号腿)、$8.9m$(2号腿)、$7.6m$(3号腿),每根支腿与桩基础之间单边有 $19.5cm$ 的间隙。

各桩基础平面位置及高程已在前文的沉桩施工中进行控制并得到数据,而导管架位置信息则需在导管架起吊前,由测量队伍在导管架上部平台安装定位设备来确定。

导管架位置定位原理:在导管架平台栏杆上安装两根信号接收杆并量取两杆之间的直线距离,由两杆所构成的两点确定一线,便能通过星站差分GPS与两根信号接收杆的两点一线确认导管架整体在平面上的位置,同时通过GPS测得的高程数据与设备安装位置反算可得到导管架三根支腿底的高程数据,发送器再将导管架平面位置、高程数据发送至起重船定位系统界面上进行数据处理。

在确认桩基础顶高程、各桩心平面坐标及导管架平面、竖向数据后,即可在定位软件中布置起重船船位、锚图,以及导管架与桩基础的平面距离、垂直距离,如图 10-20 ~ 图 10-23 所示。

图 10-20　定位设备安装调试

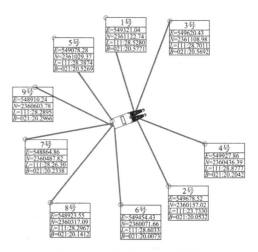

图 10-21　定位系统中起重船锚位

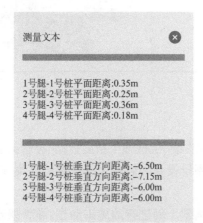

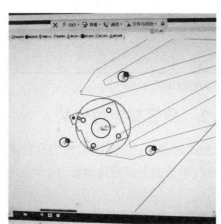

图 10-22　定位系统中水下桩基距离定位

图 10-23　导管架定位安装完成示意图

10.2.3　导管架验收

导管架安装到位后,需对导管架进行测量验收(图 10-24),具体验收要求见表 10-5。

<table>
<tr><th colspan="3">导管架验收要求　　表 10-5</th></tr>
<tr><td>序号</td><td>验收项目</td><td>设计要求</td></tr>
<tr><td>1</td><td>法兰水平度</td><td>≤3‰</td></tr>
<tr><td>2</td><td>法兰外观</td><td>防腐保护层有无损坏,法兰有无变形等</td></tr>
<tr><td>3</td><td>法兰高程</td><td>22.5m±5cm</td></tr>
</table>

图 10-24　测量验收导管架

为确保导管架制作质量,在厂家自检验收基础上组织测量队伍前往各建造厂对成品导管架进行检查验收,确保最终成品质量可控。

10.3　导管架基础灌浆技术

10.3.1　灌浆施工介绍

导管架安装完成后,为确保风机基础结构整体稳定,满足风电机组长期安全运行要求,需将高强灌浆料灌入灌浆连接段——桩基础与导管架腿柱之间的环形空间,将导管架与桩基础连接成的有机整体。灌浆连接材料通常选用高强灌浆料,该材料具有较高的抗压强度,而且比一般混凝土的抗拉强度稍高,有利于减少裂纹的产生。灌浆连接段示意图如图 10-25 所示。

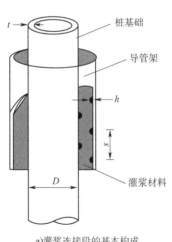

a)灌浆连接段的基本构成

b)灌浆连接段示意图

图 10-25　灌浆连接段示意图

专用灌浆施工船舶作为灌浆施工作业平台,灌浆船定位旁靠待灌浆导管架后,方可组织开展灌浆施工,具体流程如图 10-26 所示。

设计的单机位灌浆料使用量可通过计算灌浆连接段空隙体积来推算(表 10-6)。本项目使用的高强灌浆料配比为每立方米2吨袋粉料,且每根支腿密封圈距支腿垫板距离一致,故三段灌浆连接段灌浆料设计使用量相同。

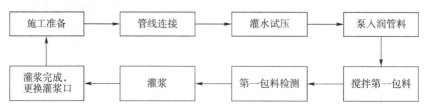

图10-26 灌浆流程图

单机位灌浆料设计用量 表10-6

灌浆空隙(m³)	单根支腿灌浆料(包)	支腿数量(根)	单台导管架总灌浆料(包)
7.8	16	3	48

10.3.2 灌浆施工过程控制

灌浆施工过程:导管架安装完成后,灌浆工作船驶入→抛锚使船停靠在有灌浆终端面板的导管架一侧→向注浆管道压注水泥砂浆,湿润灌浆管道→灌浆料拌制→连接注浆管,向灌浆连接段灌注灌浆材料+当钢管桩管口有浓浆溢出,即完成单个连接段灌浆(水下视频监控,潜水确认)→连接平台上另一连接段注浆管进行灌浆→单个灌浆平台上两个连接段灌浆完成后,移动注浆管至另一灌浆平台上进行另外两个连接段的灌浆+移至下个机位进行灌浆作业。

1)管线连接

通过高压灌浆软管连接灌浆泵与导管架灌浆口,需注意固定灌浆软管在船舷边垂挂的部分,以免缠绕;另外,软管布置需注意其弯曲半径不得小于700mm且未受周边物体挤压,整体处在可活动状态。

2)灌水试压

用高流量低压力水流冲洗灌浆线路;待观察水流压力,确认灌浆管道没有堵塞后方可进行灌浆施工,若存在管道堵塞的情况,可更换备用管道,按设计方案,每根灌浆连接段有一用一备两套灌浆管道。

3)搅拌灌浆料

搅拌灌浆料流程:料包放入破袋器→干粉进入搅拌器→开动搅拌器→注水→搅拌成浆。

料包破袋主要依靠料斗中的破袋装置,若吨袋未顺利破袋,则需旁侧人员使用刀具手动破袋。

导管架灌浆如图10-27所示。

4)首包灌浆料检测

对浆体进行现场测试、取样,做流动度试验和相对密度测定。

a) 导管架灌浆面板示意图

b) 灌浆管连接

c) 上料

d) 破袋

图 10-27 导管架灌浆

灌浆料试验如图 10-28 所示。

a) 流动度试验

b) 试块取样

图 10-28 灌浆料试验

5）溢浆

灌浆作业过程中需注意灌浆进度,当已灌入灌浆料用量接近设计用量时需要安排潜水员下水观察溢浆情况。当灌浆料用量与理论用量接近时,潜水员下水观测,在密封圈有效的情况下,钢管桩顶部会有浑浊的泥浆水溢出,随着灌浆料持续缓慢泵入,泥浆水慢慢变清,钢管桩顶部一圈先溢出润管料,继而溢出灌浆料,沿钢管桩顶部慢慢落下,潜水员绕桩一圈检视,若均为此状,即可判断环形空间中已经充满灌浆料。在确认发生溢浆后,停止灌浆并留存录像资料,静置 15min 使浆料中的气泡充分溢出,然后拆卸灌浆管。循环以上步骤,至三根灌浆段完成施工。

灌浆监测如图 10-29 所示。

 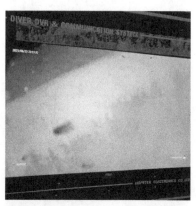

a) 潜水员准备   b) 溢浆

图 10-29　灌浆监测

6) 焊接接地铜线

在灌浆施工进行的同时安排潜水员同时进行接地铜线的安装,2m 长的接地铜线通过两套纯铜螺栓一端于导管架支腿连接,另一端与桩基础顶连接。该措施可实现导管架以上结构的接地保护。

接地铜线焊接如图 10-30 所示,单机位接地线用量见表 10-7。

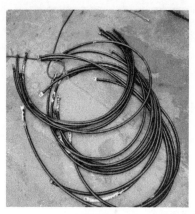 

a) 接地铜线   b) 焊接安装

图 10-30　接地铜线焊接

单机位接地铜线用量　　　　　　　　　　　　　　　　　表 10-7

类别	单台导管架数量(条)	材质	备注
2m 接地铜线	12(每根支腿 4 条)	纯铜	每根接地铜线配两套 M16 接地螺栓、螺母、垫片

10.3.3　灌浆施工时效分析

本项目灌浆作业涉及芯柱嵌岩式导管架基础灌浆施工工效统计见表10-8。

芯柱嵌岩式导管架灌浆施工工效统计　　　　　　表10-8

类别	工序名称	时间(h)	备注
灌浆施工	灌浆船定位	2	
	连接灌浆软管	0.5	
	灌水试压	0.5	
	泵入润管料	0.5	
	搅拌第一包料	0.5	
	第一包料试验	0.5	
	焊接接地线及灌浆	3	
	灌浆船退场	2	
合计用时		9.5h	

参 考 文 献

[1] 李志川,胡鹏,马佳星,等.中国海上风电发展现状分析及展望[J].中国海上油气,2022,
    34(5):229-236.

[2] 中国可再生能源学会风能专业委员会.2020年中国风电吊装容量统计简报[J].风能,
    2021(11):72-84.

[3] 聿木.为实现绿色能源转型,华润电力贡献央企智慧[J].中华环境,2022(3):77-80.

[4] 陈达.海上风电机组基础结构[M].北京:中国水利水电出版社,2014.

[5] 李斌,张智博,章啸,等.一种海上风电基础桩施工稳桩平台:中国,202122233983.1[P],
    2022-7-15.

[6] 余立志,陈永青,彭小亮,等."长大海升"起重船航行锚系统改造方案分析与锚泊定位能
    力校核[J].船海工程,2022,51(3):41-46.

[7] 左学兵,雷翔栋.山东海阳核电站大型结构模块吊装重心计算及配平[J].施工技术,
    2012,41(15):29-31,73.

[8] 杨树耕,孟昭瑛,任贵永.有限元分析软件ANSYS在海洋工程中的应用[J].中国海洋平
    台,2000(2):41-44.

[9] 戴遗山.舰船在波浪中运动的频域与时域势流理论[M].北京:国防工业出版社,1998.

[10] 曹剑锋,李良碧,顾海英,等.基于Ansys/AQWA的极大型浮式结构总体强度分析[J].
    舰船科学技术,2015,37(9):30-34,39.

[11] 刘水庚.海洋工程水动力学[M].北京:国防工业出版社,2012.

[12] 周红军.我国旋挖钻进技术及设备的应用与发展[J].探矿工程(岩土钻掘工程),2003
    (2):11-14,17.

[13] 程斐.旋挖钻机钻头的选配与使用[J].科技与企业,2013(12):305.

[14] 雷斌,叶坤,李榛,等.旋挖钻孔桩沉渣产生原因及清孔工艺优化选择[J].施工技术,
    2014(19):48-53.

[15] SUN L,GONG Y,FAN J,et al. Key Technology Research on Abrasive Water Jet Cutting
    System in Deepsea[J]. Applied Mechanics and Materials,2013,310:309-313.

[16] 朱荣华,李少清,张美阳.珠海桂山200MW海上示范风场风电机组导管架基础方案设
    计[J].风能,2013(9):94-98.

[17] 仲伟秋,麻晔,杨礼东,等.海上风电桩基础与导管架灌浆连接段的ANSYS分析[J].沈
    阳建筑大学学报(自然科学版),2012,28(4):663-669.

[18] 梁迎宾.浅谈海上风机桩基础与导管架水下灌浆连接施工质量控制[J].中国水运(下
    半月),2015,15(3):288-290.

[19] 吕东良,高健岳,吴海兵.阳江南鹏岛海上风电工程深水导管架水下灌浆施工技术[J].
    港工技术与管理,2020(1):39-43.